安全科学与工程专业系列教材

U0175493

安全接地技术

李祥超　　游志远　　孟现勇　　于月东　　主编

气象出版社
China Meteorological Press

内 容 简 介

安全接地技术是一门与安全工程、电气工程、电气安全及地质勘探等技术相关的交叉课程。本书系统地介绍了接地技术相关的理论基础知识,具有一定的理论深度、较宽的专业覆盖面,并且注重实际工程应用。

全书共分为7章,第1章讲述了大地的电学性质;第2章讲述了工频接地电阻;第3章讲述了冲击接地电阻;第4章讲述了接地网的设计方法;第5章讲述了降低接地电阻的方法;第6章讲述了接地参数测试;第7章讲述了安全接地。

本书可作为安全工程专业教材及防雷技术人员资格考试培训用书。

图书在版编目（ＣＩＰ）数据

安全接地技术 / 李祥超等主编. -- 北京 ：气象出版社，2023.1
ISBN 978-7-5029-7919-5

Ⅰ．①安… Ⅱ．①李… Ⅲ．①防雷－高等学校－教材
Ⅳ．①P427.32

中国国家版本馆CIP数据核字(2023)第022887号

Anquan Jiedi Jishu
安全接地技术

李祥超　游志远　孟现勇　于月东　主编

出版发行：气象出版社
地　　址：北京市海淀区中关村南大街 46 号　　　　邮政编码：100081
电　　话：010-68407112（总编室）　010-68408042（发行部）
网　　址：http://www.qxcbs.com　　　　E-mail： qxcbs@cma.gov.cn
责任编辑：杨泽彬　张锐锐　　　　　　　　　　终　审：张　斌
责任校对：张硕杰　　　　　　　　　　　　　　责任技编：赵相宁
封面设计：地大彩印设计中心
印　　刷：北京中石油彩色印刷有限责任公司
开　　本：720 mm×960 mm　1/16　　　　印　张：14.25
字　　数：280 千字
版　　次：2023 年 1 月第 1 版　　　　　　　印　次：2023 年 1 月第 1 次印刷
定　　价：69.00 元

编　委　会

前　言

　　2016 年 7 月 20 日习近平总书记在中共中央政治局常委会会议上发表重要讲话，对加强安全生产工作做出重要指示，强调安全生产是民生大事，一丝一毫不能放松，要积极研发一批先进安防技术，切实提高安全发展水平，大力培养应急管理人才，加强应急管理学科建设。根据党中央、国务院安全生产工作要求，必须科学有效防御和减少雷电灾害，以高水平安全保障经济社会高质量发展，南京信息工程大学组织编写《安全接地技术》等安全工程专业系列教材，以满足全日制普通高等院校安全工程专业教学的需要，供安全工程专业师生使用。

　　随着科学技术的进步，安全接地技术今天已经有了长足的发展。并且随着人们对防雷意识不断提高，国内外已将安全接地技术列为重要的科研领域之一。

　　本教材根据安全工程专业培养计划而撰写，理论联系实际，体现了专业内容的系统性和完整性。本教材力求深入浅出，将理论基础与实践知识紧密结合，注重培养学生的理论分析能力和解决实际问题的能力。

　　本教材通过精选内容，在接地技术等基本内容的基础上，更充实了接地安全的新思路，拓宽了知识面，并紧跟高新技术的发展，以适应电气安全、建筑安全以及危险化学品安全等领域应用的需要。

　　本书在编写过程中得到南京诺龙电子科技有限公司、盐城市防雷设施检测有限公司、江苏泓远防雷检测有限公司、南京云凯防雷科技股份有限公司的支持，在此表示感谢。限于编者水平，书中可能存在不足之处，恳请读者批评指正。

李祥超

2022 年 7 月

目　录

第1章　大地的电学性质

1.1　地的两种电性

接地电流在地中的分布状况,除和电流的频率有关外,还取决于大地的电学性质。只有基本上掌握了接地处地的电学性质和电性参数这些原始资料后,才能做出一个正确的接地设计来。

从电工原理可以知道:通过接地体流入地中的总电流是由传导电流和位移电流两部分组成的。判断地是导体或是半导体还是介电质,取决于地中同一点的传导电流密度和位移电流密度的比值。对于正弦电流,将麦克斯韦第一方程式应用于各向同性的大地介质,即磁场强度的旋度等于传导电流密度和位移电流密度的向量和:

$$\mathrm{rot}\dot{H}=\frac{1}{\rho}\dot{E}+j\omega\varepsilon\dot{E} \tag{1.1}$$

其中$\dot{H}$为磁场强度(单位:A/m);$\dot{E}$为电场强度(单位:V/m);j为虚数。

(1.1)式右端的第一项是传导电流密度

$$\dot{\delta}_c=\frac{1}{\rho}\dot{E} \tag{1.2}$$

第二项是位移电流密度

$$\dot{\delta}_d=j\omega\varepsilon\dot{E} \tag{1.3}$$

$\dot{\delta}_d$对$\dot{\delta}_c$相差90°。从(1.1)式还可以看出,电阻率ρ和介电系数ε是地的两种主要电性参数。ρ和ε以及电流的角频率,决定了地中任一点的交变电流的分布。传导电流密度和位移电流密度绝对值之比为:

$$K=\frac{\dot{\delta}_c}{\dot{\delta}_d}=\frac{1}{j\omega\varepsilon\rho} \tag{1.4}$$

式中　　$\omega=2\pi f$——电流角频率(单位:s^{-1});

　　　　$\varepsilon=\varepsilon_r\dfrac{1}{4\pi\times9\times10^9}$——介电系数(单位:F/m),其中$\varepsilon_r$为相对介电系数;

　　　　j——虚数;

　　　　ρ——电阻率(单位:$\Omega\cdot m$)。

地中电流的这两个分量,虽然可以同时存在于地的任一点上,但在接地技术所研究的范围内,常常遇到其中一个分量远大于另一个分量,使之有可能单独对其中一个分量进行研究,从而使问题大大简化。由(1.4)式,当 $K>10$(即 $\dot\delta_c>10\dot\delta_d$),可以不计位移电流地近似为导体,当 $K<0.1$(即 $\dot\delta_c<0.1\dot\delta_d$),可以不计传导电流地近似为介电质,当 $10\geqslant K\geqslant0.1$(即 $10\dot\delta_d\geqslant\dot\delta_c\geqslant0.1\dot\delta_d$),地既是导体又是介电质。在大多数情况下,地的相对介电系数不超出 $50>\varepsilon_r>5$ 的范围。利用这些值,由(1.4)式可以计算出在 ρ 和 f 为何值时,地可近似认为是导体或是介电质。计算结果如图 1.1[1] 所示。由图上可以知道:当接地电流是低频($f<1000$ Hz)电流时,在 $\rho<105$ Ω·m 的条件下,可以忽略不计位移电流的影响,只考虑传导电流就行了。因此,在研究工频接地时,可以把地看成是导体。在冲击接地时,在一般电阻率地区,也只考虑传导电流的作用就行了。只有在很高的电阻率地区,才需要计入位移电流的影响。例如 $\rho=1000$ Ω·m, $\varepsilon_r=9$,取雷电流波头为半余弦形,波头时间 3 μs,故雷电流波头的等值角频率为 $\left(\omega=\dfrac{\pi}{3}\times10^6\ \text{s}^{-1}\right)$ 。由(1.4)式得到: $K=12$,即传导电流为位移电流的 12 倍。实际上在一般雷电流等值频率,电阻率 2000 Ω·m 的情况下,都可以不计位移电流即电容效应的影响。此时,对于水平伸长接地体,可以忽略波动过程而使计算大大简化。

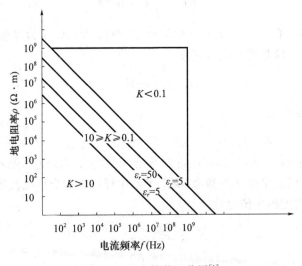

图 1.1　地电性的区分图[1]

上面的计算,都是认为电阻率和相对介电系数是常数。然而和一般的印象相反,地的两种电性参数都与频率有关,特别是地的电阻率在高频情况下将会显著减小。在变频激发极化物探中发现,用不同频率的电流测量出的视电阻率是不相同的,即使使用的频率很低,也可以发现地电阻率随频率增加而减小的现象。

目前,国内外对这种现象提出了电子导体和离子导体两种激发极化的假说。但无论哪种说法,都认为地的视电阻率随频率的增大而减小。由第一种假说,根据实验的结果,地的电阻率有如下近似的等式[2,3]

$$\rho_f = \frac{\rho_0 \rho (1 + A \sqrt{jf})}{\rho + (\rho_0 + \rho) A \sqrt{jf}} \tag{1.5}$$

式中　ρ_f——用频率 f 测量的电阻率;

　　　ρ_0——用直流测量的电阻率;

　　　ρ——地中可被极化物体完全激发的电阻率;

　　　f——频率;

　　　j——虚数;

　　　A——常数。

从(1.5)式可以看出:当频率为零,即在直流的情况下,$\rho_f = \rho_0$,这就是用直流电流测量的电阻率;当频率为无限大,$\rho_{f\to\infty} = \frac{\rho_0 \rho}{\rho_0 + \rho}$,电阻率是直流情况下和地中可被极化物体完全激发的电阻率的并联值,显然电阻率是减小了。ρ_0 和 $\frac{\rho_0 \rho}{\rho_0 + \rho}$ 是地电阻率的两个极限,其中任一频率的电阻率都是一个依频率而异的可变复数。但是,目前要在接地技术中反映这种电阻率的变化还较困难。好在这对接地来说,特别是对冲击接地是一个有利的因素,在未完全弄清楚产生这种现象的机理之前,在接地计算中,将地电阻率认为是与频率无关,其计算结果是偏于安全的。

此外,当地中电场强度超过某一数值后,电流和电压已不再是直线关系,而是表现出非线性的电学现象。这种现象在导电矿物、潮湿或干燥的岩石以及土壤和水中均可以见到。这种非线性的电学现象,在潮湿的土壤中,有可能是因为电解溶液的电导在强电场中会显著增大,在干土壤中,由于颗粒间的空气间隙易于产生局部放电而使电导呈非线性。

地电阻率随地中电场强度的增加而平稳的下降关系,可由图 1.2、图 1.3 和图 1.4 中看出。图中各虚线与电场强度坐标的交点,表示地的击穿强度。

除了 ρ 和 ε_r 两个电性参数外,还有一个导磁系数 μ。这在计算接地体的外电感时要用到。对绝大多数地层(地中有磁铁矿的除外)来说,相对导磁系数和 1 相差无几。故通常把地的导磁系数 μ 都近似地认为等于真空的导磁系数 $\mu_0 = 4\pi \times 10^{-7}$(H/m)。

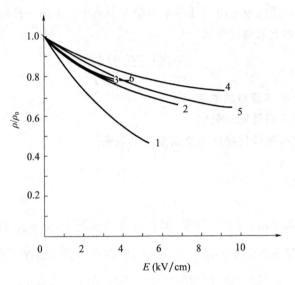

图 1.2　腐殖土电阻率随电场强度的增加而下降

$1-\rho_0=350\ \Omega\cdot m,2-\rho_0=550\ \Omega\cdot m,3-\rho_0=1050\ \Omega\cdot m,$

$4-\rho_0=90\ \Omega\cdot m,5-\rho_0=35\ \Omega\cdot m,6-\rho_0=22\ \Omega\cdot m$

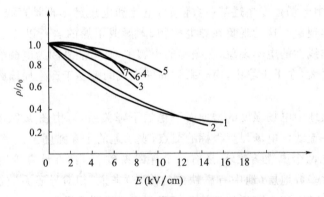

图 1.3　土壤电阻率随电场强度的增加而下降

$1-\rho_0=2700\ \Omega\cdot m,2-\rho_0=1000\ \Omega\cdot m,3-\rho_0=250\ \Omega\cdot m,$

$4-\rho_0=160\ \Omega\cdot m,5-\rho_0=140\ \Omega\cdot m,6-\rho_0=120\ \Omega\cdot m,7-\rho_0=70\ \Omega\cdot m$

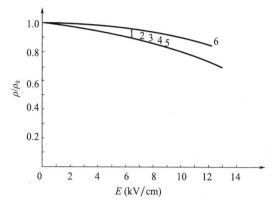

图 1.4　砂土电阻率随电场强度的增加而下降

$1-\rho_0 = 3400\ \Omega \cdot \mathrm{m}, 2-\rho_0 = 3100\ \Omega \cdot \mathrm{m}, 3-\rho_0 = 2950\ \Omega \cdot \mathrm{m},$

$4-\rho_0 = 1600\ \Omega \cdot \mathrm{m}, 5-\rho_0 = 500\ \Omega \cdot \mathrm{m}, 6-\rho_0 = 450\ \Omega \cdot \mathrm{m}$

1.2　地的电阻率

地电阻率的变化范围很大。在接地工程中常常遇到电阻率小于 500 Ω·m 到大于 5000 Ω·m 的地层。

大多数岩石、矿物和黏土在干燥状态都是绝缘体。由于在自然中它们几乎总是保持了一些具有溶解盐的间隙水,因而它们的电阻率主要决定于水分含量、电解溶液的性质及其浓度,具有离子的导电性能。电阻率随温度的增加而下降。

图 1.5 是与砂混合的黏土及砂和含水量的关系曲线。图 1.6 是与砂混合的黏土,在含水量约 15% 时和温度的关系曲线。从图 1.6 可以看出:与砂混合的黏土,当其中的水分发生从水到冰的变化时,电阻率在 0 ℃出现一个突然上升,当温度再下降时,电阻率出现十分明显的增大,而温度从 0 ℃达上升时,电阻率仅平稳的下降。

对于第四纪沉积层,如黏土、砂层和砾石等。砂层和黏土相比,砂层中虽然单个孔隙较大,但孔隙总个数不如黏土多,而更主要的是黏土的透水性很差,孔隙中的水不易流动,因而溶解并聚集了大量的盐分,矿化度较高,所以黏土的电阻率比砂层低。这可以从图 1.5 中明显看出:含水量相同(约 15%),砂比与砂混合的黏土的电阻率约大 5 倍。

除了温度和含水量外,土壤的致密与否对电阻率的影响也是很大的。例如:当黏土的含水量为 10%,如温度不变,单位压力由 0.02 kg/cm² 增大到 0.2 kg/cm² 时,电阻率可下降到原来的 65%。根据这个原因,有条件时宜将回填于接地体四周的土壤压紧致密。

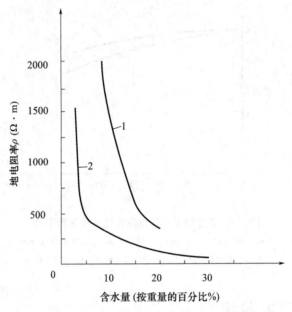

图 1.5　含水量对砂和与砂混合的黏土的电阻率的影响

1—砂;2—与砂混合的黏土

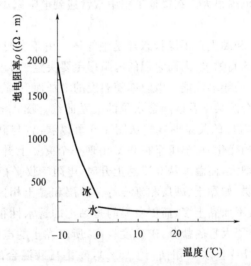

图 1.6　含水量约 15%,温度对砂混合的黏土的电阻率的影响

　　凡温度为负温或零温,且含有冰的各种土层均称为冻土。若不含有冰,则称为寒土。冬季冻结,夏季全部融化的土层为季节冻土。冻结状态持续三年或三年以上的土层为多年冻土。

　　据有关部门估计,我国多年冻土地层约有 50 万 km²。主要分布于大小兴安岭北部和青藏高原,以及新疆的天山北部,甘肃、青海两省边境的祁连山北部等地区。

多年冻土的电阻率极高,可达未冻土电阻率的数十倍。例如在青海省木里多多年冻土地区的测量表明,未冻土与冻土的电阻率变化范围达 $500 \sim 15000 \ \Omega \cdot m$。

在多年冻土分布区,常常存在有局部没有冻土的地区,称为融区。一种是融土从地表向下穿透整个冻土层,称为贯通融区,另一种是融土未穿透整个冻土层,因而在融区下仍有多年冻土存在,叫作非贯通融区。多年冻土区的大河河床和湖泊下,在温泉的周围以及大型采暖建筑物下,往往形成贯通融区;而小河河床、部分河漫滩地,一般的采暖建筑物下则往往形成非贯通融区。利用这些融区来埋设接地体,是解决多年冻土地区接地的主要途径。

除开黏土和矿物外,多孔含水岩石的电阻率可由经验公式得到[4]:

$$\rho = \rho_0 f^{-m} s^{-n} \tag{1.6}$$

上式中的 ρ_0 为填充于岩石孔隙中的水的电阻率。f 为孔隙度(孔隙的体积比)。s 为水填充孔隙空间的比值。约有 30% 以上的孔隙空间为水填满时,n 值接近于 2。m 值决定于固化程度或岩石的地质年代。它从松散的第三纪沉积的 1.3 左右,变化到良好固结的古生代沉积的 1.95 左右。

由(1.6)式可以看出,岩石的电阻率主要决定于它的含水量和水的电阻率。对于受地下水浸渍的不完整的岩石,其电阻率常常是不太高的。例如在湖南省某水电厂地下压力钢管的地表,测得在 10 m 深以前砂质板岩的电阻率达 4000 $\Omega \cdot m$,但在 10 m 深以下,则由 4000 $\Omega \cdot m$ 逐渐减小为 900 $\Omega \cdot m$。又如云南省某水电厂,受地下水浸渍的砂页岩石层的电阻率降低到 30~90 $\Omega \cdot m$。可见,埋于地下深处受地下水浸渍的岩层中的金属结构物,常常是一个良好的自然接地体,应当加以利用。

一些矿体,主要的有石墨、磁黄铁矿、黄铁矿、黄铜矿、方铅矿和磁铁矿具有较好的电子导电性能。在条件允许的地方,用 100—300 型钻机打孔,将接地棒插接在矿体上,利用矿体接地,是一个有效地降低接地电阻的方法。

接地技术所涉及的大地范围,从离开接地体几十米(研究电位分布)到几千米(研究接地电阻测量)。在这样一个比较大的范围内,地电阻率常常不是均匀的。通常地层具有层状(图 1.7)和剖面(图 1.8)结构。第一种情况可能是在接地体的埋设处碰到。这时将增加接地计算的工作量。第二种情况往往是在测量接地电阻时碰到,将引起测量的困难。如果地具有简单的两层结构时,用等极距四极法测量出的视电阻率 ρ_a 随极距 a 而变化的曲线,近似可用下式表示[5,6]:

$$\rho_a = 2\pi a R = \rho_2 - (\rho_2 - \rho_1) e^{-\frac{a}{b}} \left(20 - e^{-\frac{a}{b}} \right) \tag{1.7}$$

式中:ρ_1——地面层的电阻率($\Omega \cdot m$);

ρ_2——地层深处的电阻率($\Omega \cdot m$);

a——测量视电阻率的极距(m);

b——视电阻率曲线常数(m);

R——相应极距 a 的视电阻(Ω)。

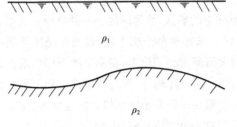

图 1.7　层状结构的地层

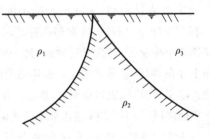

图 1.8　剖面结构的地层

由(1.7)式可知:当 $a \ll b$,即电流极间距离 $3a$ 很小时,由于绝大部分电流都从地面层流过,故测量出的视电阻率趋近于地面层的电阻率,$\rho_a = \rho_1$;当 $a \gg b$,即电流极间距离很大时,由于绝大部分电流都穿透到地层深处,故测量出的视电阻率趋近于地层深处的电阻率,$\rho_a \approx \rho_2$。b 值具有长度的单位,从 1 m 变化到 100 m。$b = 100$ m,表示电阻率随深度变化缓慢,$b = 1$ m,表示变化很快。b 值可由在现场用等极距四极法测量的视电阻率曲线上斜率不等于零的一点取 a、ρ_1、ρ_2 及 ρ_a 代入(1.7)式求出。

即使在一个小范围内可以近似认为地层是均匀构造,但电阻率也表现出各向异性。沿层理方向的电阻率 ρ_t,小于沿垂直层理方向的电阻率 ρ_n(图 1.9)。ρ_n 与 ρ_t 之比的平方根 $\lambda = \sqrt{\rho_n / \rho_t}$,称为各向异性系数。表 1.1 列有典型地层的各向异性系数 λ 和 ρ_n/ρ_t。这也就是在一个看来似乎是均匀地层的地区,但在不同的方向测量出的接地电阻,也常常发生测量结果不完全一致的原因之一。

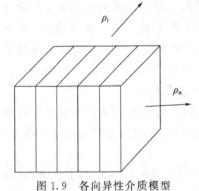

图 1.9　各向异性介质模型

表 1.1　典型地层的各向异性系数

名称	$\lambda = \sqrt{\dfrac{\rho_n}{\rho_t}}$	$\dfrac{\rho_n}{\rho_t}$
层理不明的黏土	1.02～1.05	1.04～1.10
具有砂夹层的黏土	1.05～1.15	1.10～1.32
成层砂岩	1.10～1.59	1.20～1.65
泥板岩	1.10～1.59	1.20～2.5
泥质页岩	1.41～2.25	2.00～5.00
煤	1.73～2.55	3.00～6.50
无烟煤	2.00～2.55	4.00～6.50
石墨页岩及碳质页岩	2.00～2.75	4.00～7.50

　　在表 1.2 和表 1.3 中,列出有供参考用的电性参数。但在工程设计中,应当以现场测量的电阻率为依据。最后,还需要着重指出:在实验现场用简单接地体(单个棒型、带型接地体)测得的季节系数,不适用于发电厂和变电所的大型接地网。因为当接地网的面积很大时,入地电流的分布范围很大,它们的接地电阻已不像简单接地体那样,主要决定于地表浅层的电阻率,而是在很大的程度上决定于地层深处的电阻率。因此大型接地网的季节系数要比简单接地体的小得多。[由于我国幅员广大,各地气象条件差别极大,故还未测得大型接地网的季节系数。按照正在编写中的《水电厂机电设计手册(过电压保护和接地篇)》的建议,目前在接地设计中,可用在夏季久晴(连续 3 d 以上)后实测的地电阻率为设计依据。除水电阻率、冻土地区的电阻率外,可不考虑季节影响的修正。]

表 1.2　土壤和水的电阻率($\Omega \cdot m$)

类别	名称	近似值	不同情况电阻率的变动范围		
			较湿时 (多雨时)	较干时 (少雨时)	地下含 盐碱时
泥土	冲积土	5			1~5
	陶黏土	10	5~20	10~100	3~10
	泥炭、泥灰岩、沼泽岩	20	10~30	50~300	3~30
	黑土、田园土、陶土、白垩土	50	30~100	50~300	10~30
	黏土	60	30~100	50~300	10~30
	砂质黏土	100	30~300	800~1000	10~30
	黄土	200	100~200	250	30
	含砂黏土、砂土	300	100~1000	1000 以上	30~1000
	多石土壤	400			
	上层红色风化黏土、下层红色页岩	500			
	表层土夹石、下层石子	(30%湿度) 600 (15%湿度)			
砂	砂子	1000			
	地层深度大于 10 m,地下水在深处时草原的砂砾	1000			
	地层深度不大于 1.5 m,位于多岩石基底上软质黏土	1000			
岩石	砾石、碎石	5000			
	多岩石地	4000			
	花岗岩	200000			
水	海水	1~5			
	潮水、池水	30			
	泥水	15~20			
	泉水	40~50			
	地下水	20~70			
	溪水	50~100			
	河水	30~600			

续表

类别	名称		近似值	不同情况电阻率的变动范围		
				较湿时（多雨时）	较干时（少雨时）	地下含盐碱时
其他	金属矿		0.01～1			
	混凝土	在水中	40～50			
		在湿土中	100～200			
		在干土中	500～1300			
		在干燥的大气中	12000～18000			
	捣碎的木炭		40			

表 1.3　地的电阻率($\Omega \cdot m$)和相对介电系数

序号	名称	电阻率($\Omega \cdot m$)		相对介电系数
		潮湿状态	干燥状态	
1	花岗岩	10^3	10^6	7～12
2	正长岩	10^3	10^6	13～14
3	闪长岩		10^6	8～9
4	辉长岩	10^4	10^6	
5	玄武岩		10^6	12
6	辉绿岩	10^4	10^7	
7	安山岩	10^3		
8	片麻岩	10^4	10^8	8～15
9	页岩	$10^2～10^3$		
10	大理石岩	10^4	10^8	8
11	石灰岩	$10^2～10^3$	$10^8～10^9$	15
12	砂岩	$10～10^3$	$10^3～10^8$	9～11
13	煤	$10^2～10^4$	10^5	
14	黏土	$10～10^4$	10^7	
15	土壤	$10～10^3$	$10^3～10^4$	2～20
16	水			≈80

1.3　水的电阻率

　　地下水中溶有各种盐类,因而具有离子导电性能。由表 1.4 可以看出,地下水的电阻率与矿化度的关系很密切。矿化度增加不多,电阻率就大大降低,而与水中所溶盐分的种类的关系不大。地下水的矿化度变化范围很大,在淡水中它为 0.1 g/L,矿化度高时可达 10 g/L。因此,地下水的电阻率一般在 0.5～50 $\Omega \cdot m$ 范围内变化。

表 1.4　地下水的电阻率(Ω·m)

序号	地下水矿化度 (g/L)	不同溶盐的地下水电阻率			
		NaCl	KCl	MgCl$_2$	CaCl$_2$
1	纯水	25×10^4	25×10^4	25×10^4	25×10^4
2	0.010	511	578	438	483
3	0.100	55.2	58.7	45.6	50.3
4	1.000	5.83	6.14	5.06	5.56
5	10.000	0.657	0.678	0.614	0.660
6	100.000	0.0809	0.0778	0.0936	0.0930

　　我国河流水的电阻率变化范围极大。据表 1.5 列出的 23 条河测量的水电阻率资料,河水电阻率为 30~600 Ω·m,相差 20 倍。

表 1.5　河水电阻率(Ω·m)

序号	河流名称	河水电阻率	备注
1	湖南:资水	58~109	
	澧水	42	5~30 ℃,静水、清水
	酉水(沅水支流)	52	25 ℃,静水、清水
	消水	240	20 ℃,静水、清水
	沤水	200	
	舂陵水	600	15 ℃,静水、清水
2	湖北:汉水	30~54	
	浠水	177	
	堵河	60~70	
3	江西:上游江	236	动水、清水
	修河	170	20 ℃,动水、清水
4	河南:黄河	30~50	5 ℃,静水、清水
5	吉林:鸭绿江	175	
	松花江	200~280	4 ℃,水速约 1 m/s,清水
6	浙江:新安江	100	6~7 ℃,静水
7	贵州:乌江	50	
	猫跳河	50	
8	云南:南盘江	30~90	
9	安徽:佛子岭水库	100	
10	福建:九龙溪	130~160	20~25 ℃,动水、清水
11	甘肃:白龙江	130	动水
12	辽宁:浑江	120	4 ℃,水速约 1 m/s,清水
13	四川:岷江支流(渔子溪)	50~100	

　　同一条河流,静水和动水的电阻率差别不大。现场测量说明:静水比流速为 1 m/s 的动水电阻率稍小一些,同一条河流的浑水和清水的电阻率差别较大,两者之比可达 1:3,但不同河流的浑水和清水的电阻率情况又不一样,例如湖南省沤江浑水电阻率反而比附近山溪的清水电阻率高,两者之比达 4:13。同一条河流上、下游的水电阻率,由于自然和人类环境的不同,也常常不一样;水库蓄水前后的水电阻率也不相同。

　　由于水的离子导电性能,因而电阻率随水温的增加而降低近似按指数曲线变化。在缺乏水电阻率的温度修正系数时,当水温在 3～35 ℃变化时,可用下式计算:

$$\rho_{\theta_2} = \rho_{\theta_1} e^{0.025(\theta_1 - \theta_2)} \tag{1.8}$$

式中　　ρ_{θ_1}——水温为 θ_1 ℃水电阻率($\Omega \cdot m$);

　　　　ρ_{θ_2}——水温为 θ_2 ℃水电阻率($\Omega \cdot m$)。

　　从湖南省资水的水电阻率和温度的关系曲线(图 1.10)可以看出:水温由 30 ℃降低到 5 ℃,水电阻率几乎升高一倍。因此,对于在水库或湖泊埋设的深水接地网,应注意水电阻率的温度修正。据一些水电厂水库水温的测量,水温随深度的平均变化率约为 0.435 ℃/m(当水库很深时,底层水温的变化很小,趋于稳定值约 3 ℃)。

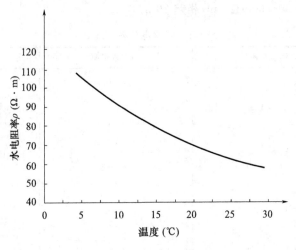

图 1.10　水电阻率和水温关系

参考文献

[1] 克维亚特柯夫斯基·E M.电法勘探[M].周祥标,译.北京:中国工业出版社,1961.

[2] 桂林冶金地质研究所.物探译文集[M].[出版者不详],1975.

[3] 地质科学研究院地球物理探矿研究所.激发极化法文集[M].北京:地质出版社,1975.

[4] 帕拉司尼斯·D S.应用地球物理学原理[M].刘光鼎,译.北京:地质出版社,1974.

[5] 撒帕尔·B,格罗斯·E T B.非均质土壤中接地网的电阻[J].美国电气与电子工程师协会会报,动力装置与系统部分,第 68 号,1963.

[6] 达赫诺夫.石油与天然气产地电法勘探[M].北京:地质出版社,1955.

第 2 章　工频接地电阻

2.1　接地电阻的物理概念

工频电流从接地体向周围的大地散流时,土壤呈现的电阻称为接地电阻。接地电阻的数值,等于接地体的电位与通过接地体流入地中电流的比值。

地中有工频电流流散时,工频电流在地中的分布与直流电的分布在原则上是有区别的。但是,由于地的电阻率相当大,所以在计算接地体附近的电流时,由于感应电势引起的电压降与电阻电压降比较起来,可以略去不计,故工频电流的接地计算可以用直流的接地计算来代替。根据静电比拟法,直流电场的接地电阻计算可以用相应条件下静电场的电容计算来得到。

由高斯定理,穿过任一闭合表面的电位移矢量等于包围在此表面所限定的空间内的电荷,即:

$$\oint_s \dot{D} \mathrm{d}s = \oint_s \varepsilon \dot{E} \mathrm{d}s = Q \tag{2.1}$$

又,欧姆定律的微分形式为:

$$\oint_s \dot{\delta} \mathrm{d}s = \oint_s \frac{1}{\rho} \dot{E} \mathrm{d}s = I \tag{2.2}$$

由电阻和电容的定义:

$$C = \frac{Q}{V} \tag{2.3}$$

$$R = \frac{V}{I} \tag{2.4}$$

将(2.1)式、(2.2)式分别代入(2.3)式和(2.4)式,由(2.3)式和(2.4)式的乘积得到,

$$R = \frac{1}{C} \cdot \frac{\oint_s \varepsilon \dot{E} \mathrm{d}s}{\oint_s \frac{1}{\rho} \dot{E} \mathrm{d}s} \tag{2.5}$$

当地电阻率各向同性,(2.5)式改写为:

$$R = \frac{1}{C} \cdot \frac{\varepsilon \oint_s \dot{E} \mathrm{d}s}{\frac{1}{\rho} \oint_s \dot{E} \mathrm{d}s} = \frac{\rho \varepsilon}{C} \tag{2.6}$$

式中 R——接地体的接地电阻(Ω);

$\qquad C$——接地体的电容(F);

$\qquad \rho$——地电阻率($\Omega \cdot$ m);

$\qquad \varepsilon = \varepsilon_r \dfrac{1}{4\pi \times 9 \times 10^9}$——地的介电系数(F/m),其中 ε_r——地的相对介电系数(F/m)。

由(2.6)式可以看出,接地体的接地电阻和它的电容成反比,比例常数 ρ 和 ε 决定于地的电学性质。这种传导电流和位移电流在地中分布的相似性,可以使接地电阻的计算大大简化,并且提出了一个极为重要的物理概念:增大接地网的面积是减小接地电阻的主要因素。

一个由多根水平接地体组成的接地网可以近似地当作一块孤立的平板,它的电容主要是由它的面积尺寸来决定的。附加于这个平板上的有限长度(2～3 m)的垂直接地体,不足以改变决定电容大小的几何尺寸,因而电容增加不大,亦即接地电阻减小不多。只有当这些附加的垂直接地体的长度增大到可以和平板的长、宽尺寸相比拟,平板趋近于一个半球时,电容才会有较大的增加,接地电阻才会有较大的减小。但是,即使在这样的情况下,在地电阻率各向同性时,也只能使接地电阻减小 36.3%。这个结论很容易由埋深为零、半径为 R 的圆盘和半径为 r 的半球的电容之比 $4\varepsilon R / 2\pi\varepsilon r$ 来得到。理论分析和模拟试验证明,面积为 30 m×30 m～100 m×100 m 的水平接地网,附加 2.5 m 长、直径 4 cm 的 81 根垂直接地体,后者比前者的接地电阻仅减小 2.8%～8%。所以规程规定敷设以水平接地体为主的人工接地网。它既有均衡电位的作用,又有散流作用。而垂直接地体,仅在避雷针、线和避雷器附近作加强集中接地散泄雷电流之用。

利用电容的概念,还可以方便地说明增加接地网的埋深,对减小接地电阻的作用不大。我们知道:电容具有储藏电场能量的本领,它所储藏的能量不是储藏在极板上,而是储藏在整个介电质中,即整个电场中,介电质中的能量密度,既与介电系数有关,又和电场的分布有关。因此,比起接地网的几何尺寸小得多的有限埋深,所增加的储藏能量的介质空间极为有限,在这个有限空间中的能量密度又小,因之储藏的总能量增加不多,即电容增加不大,所以对减小接地电阻的作用也就不大。

电流通过接地体向大地散流时,还会受到其他接地体散流的影响。这种通常称为电流屏蔽的作用可以用接地体之间的互电阻来表示。一个接地体散流时,若有另一个此时不散流的接地体处在前者的电流场中,则后者具有某一电位,此电位与前一接地体的电流之比值称为该二接地体的互电阻。

若无其他接地体散流的影响,则某一接地体的接地电阻值称为真值电阻或自电阻。

一组接地体的自电阻和互电阻的关系,可以仿静电方程式写出:

$$\begin{cases} V_1 = R_{11}I_1 + R_{12}I_2 + \cdots + R_{1n}I_n \\ V_2 = R_{21}I_1 + R_{22}I_2 + \cdots + R_{2n}I_n \\ \vdots \\ V_n = R_{n1}I_1 + R_{n2}I_2 + \cdots + R_{nn}I_n \end{cases} \qquad (2.7)$$

式中　$V_1, \cdots, V_n$——$1 \sim n$ 个接地体的电位;

　　　$I_1, \cdots, I_n$——$1 \sim n$ 个接地体的电流;

　　　R_{ii}、R_{ik}——接地体 i 的自由电阻、接地体 i 和 k 的互电阻。

(2.7)式中的自电阻和互电阻,是借用静电方程式中的自电位系数和互电位系数的概念来导出的。根据互换原理,具有同样两个数字脚码但排列次序不同的电位系数是相等的。即:

$$\alpha_{ik} = \alpha_{ki}$$

故互电阻也有下列关系:

$$R_{ik} = R_{ki} \qquad (2.8)$$

这个结论,对地电阻率不均匀的地层,也是正确的。当电流通过两个相连接的接地体散流时,仿上:

$$V_1 = R_{11}I_1 + R_{12}I_2$$
$$V_2 = R_{21}I_1 + R_{22}I_2$$

因　　　　　　　　$V = V_1 = V_2 \quad I = I_1 = I_2$

故两个接地体的接地电阻为:

$$R = \frac{R_{11}R_{22} - R_{12}^2}{R_{11} + R_{22} - 2R_{12}} > \frac{R_{11}R_{22}}{R_{11} + R_{22}}$$

可见,两个接地体的接地电阻,不等于它们自电阻的并联值,由于互电阻的存在,而是大于它们自电阻的并联值。

实际上,电流在地中并不散至无限远,而是聚集在另外一个接地体上。这种情况对于计算接地体附近的电流分布,只要它们之间的距离比起接地体的几何尺寸来说是足够大,那么这种影响可以略去不计。反之,当距离不是足够大(例如在接地电阻测量中遇到的情况,被测接地网和电流极间的距离因受条件的限制不可能太大时),那么它们之间的互电阻就不能略去不计。

由于接地体的电导率远远大于地的电导率,例如用钢材做成的接地体,其电导率为一般土壤电阻率的 5×10^8 倍,即使电流沿接地体轴线或与地的交接面流进时,地中电流也可足够近似地看成是垂直于接地体表面而流出。因此在接地计算时可视接地体表面为等位面,接地体自身的电压降可以略去不计。但是,对于测量一个大型接地网的接地电阻,特别是各接地网之间具有较长的接地连接带时,由于接地体自身电压降的存在,从不同的地点引入电流而测量出的接地电阻是不相同的。

此外,测量的接地电阻还包括了接触电阻在内。施工后的接地网在最初几年间接地电阻有下降的趋势,这是因为接地体周围的土壤逐渐密实并且与接地体的表面接触得更紧密的缘故。在现场试验中也曾发现,一根打入地下与周围土壤紧密接触的管子,接地电阻远小于在同样条件下将管子摇松了的接地电阻。

电流从接地体表面流向邻近土壤所受到的阻力,称为接触电阻。接触电阻的数值等于这两个介质交接面上的接触电位差与流入地中电流之比。接触电阻的大小与施工方法的正确与否的关系极大。在现场试验中,发现过接触电阻大于接地电阻二倍的例子。某些人工接地坑用低电阻率的材料来置换接地体周围的高电阻率土壤时,接地电阻降低很少,或者反而增大,其主要原因,就是用来置换的低电阻率材料,没有和接地体表面以及和坑壁接触紧密致使接触电阻大大增加了的缘故。在接地体周围小范围内使用化学降阻剂,使接地电阻大大减小的效果,实际上是包括了消除接触电阻的原因在内。

为了对接地电阻有一个简单而又明确的物理概念,作为一个例子,我们现在来讨论一个半圆球接地体。

假定地电阻率是均匀的。一个与地面齐平的半径为 r 的半圆球接地体(图 2.1),距球心 s 处的半圆球面上的电流密度为:

$$\delta = \frac{I}{2\pi s^2}$$

因　　　　　　　　　　　　$$E = \delta\rho, E = -\frac{\mathrm{d}V}{\mathrm{d}s}$$

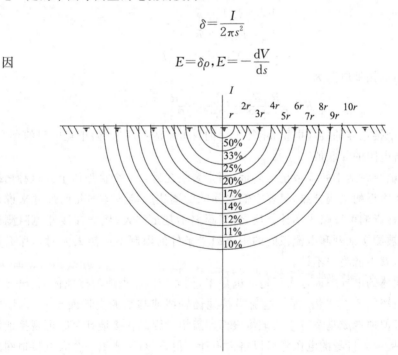

图 2.1　接地极的电位分布

故　　　　　　　　　　$dV = -E \mathrm{d}s = -\delta_\rho \mathrm{d}s = -\dfrac{I\rho}{2\pi s^2}\mathrm{d}s$

视半球接地体的表面为等位面，r 至 s 间的电位差为：

$$V = \int_r^s \frac{I\rho}{2\pi s^2}\mathrm{d}s = \frac{I\rho}{2\pi}\left(\frac{1}{r} - \frac{1}{s}\right)$$

由上式可以得到半径为 r 的半圆球等位面与半径为 s 的半圆球等位面之间的电阻为：

$$R_{r-s} = \frac{V}{I} = \frac{\rho}{2\pi}\left(\frac{1}{r} - \frac{1}{s}\right) \tag{2.9}$$

当 $s \to \infty$

$$R_{r\to\infty} = R_x = \frac{\rho}{2\pi r} \tag{2.10}$$

式中的 R_x 就是该半圆球接地体的接地电阻，又称为真值电阻或自电阻。(2.9)式和(2.10)式之比为：

$$\frac{R_{r-s}}{R_x} = \left(1 - \frac{r}{s}\right) \times 100\% \tag{2.11}$$

用不同的 s 值代入(2.11)式，得表 2.1 中数值。可以看出，接地电阻的一半集中在接地体附近距球心为 r 及 $2r$ 的两层半球面之间。而在 r 和 $10r$ 的两层半球面之间的电阻占全部接地电阻的 90%。

接地电阻的一半集中在半径为 r 及 $2r$ 的半球面的物理原因是很明显的，这是因为在接地体附近的电流密度特别大，因之电压降也就特别显著的缘故。

用 1 减去(2.11)式，得 $\dfrac{r}{s} \times 100\%$，它是距球心 s 处的等位面的电位(以百分数表示，而接地体的电位为 100%)。电位与 s 的关系亦列于表 2.1 和图 2.1。

如果只有一个接地装置在散流，从理论上说，零位面在无穷远处。但是为了测量而设置的电流极总是在距被测地网有限远的地方，因而两者将互相影响，其结果是：

(1)两个接地极各自的电位分布曲线合成为一个新的电位分布曲线，图 2.2 是一例。

(2)两个接地极的电位都低于它们各自单独存在时的电位(如果通过它们的电流维持不变)。

(3)零位面从无穷远处伸展到两电极间距离的中点。

(4)由于接地体的电位减小了一些，因此即使电压极处在极间距离的中点(即处于零位)，所测得的电阻值也偏小。在图 2.2 的例中，只能测到被测地网的接地电阻真值的 90%。

(5)接地电阻值减小了的那一部分就是两电极间互电阻的数值。以百分比计算的互电阻可按(2.12)式计算：

$$\frac{R_{XB}}{R_X} \times 100\% = \frac{r}{S_{XB}} \times 100\% \qquad (2.12)$$

表 2.1　地电阻以及地电位与 r 的关系

s	r	$2r$	$3r$	$4r$	$5r$	$6r$	$7r$	$8r$	$9r$	$10r$	$20r$	$40r$	$100r$
$\frac{R_{r-s}}{R_x} \times 100\%$	0	50	67	75	80	83	86	88	89	90	95	97.5	99
$\frac{r}{s} \times 100\%$	100	50	33	25	20	17	14	12	11	10	5	2.5	1

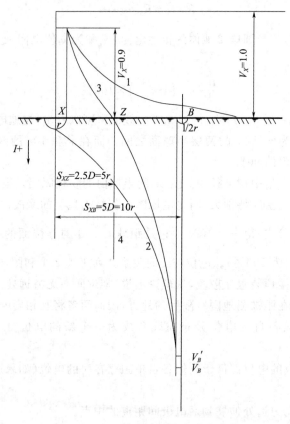

图 2.2　X、B 电极合成电位分布曲线

1—X 电极电位分布曲线，2—B 电极电位分布曲线，

3—合成电位分布曲线，4—零位面

2.2　地电阻率均匀时的接地电阻

在接地工程中所遇到的接地体的几何形状可能比较复杂,这时要用解析的方法去精确地计算电容或接地电阻,会遇到很大的困难甚至不可能。因此,根据接地工程的实际需要,可以采取近似计算的方法。当地电阻率均匀时,近似计算电容或接地电阻的方法有两种。

第一种近似方法,是将接地体的几何形状作某些改变,以便于进行数学分析。

例如:将一根长度为 L、直径为 d 被地无限包围的接地体表面视为等位面,并用内切长椭圆旋转面 s' 或外接长椭圆面 s'' 代替接地体的圆柱形状(图 2.3)。因之接地体电场的等位面可以看作是与接地体表面共焦点的无数椭圆旋转面所构成。由于电流密度面和与其重合的电场强度面垂直于等位面,故可用与椭圆旋转面正交的双曲线旋转面表示电流密度或电场强度(图 2.4)。

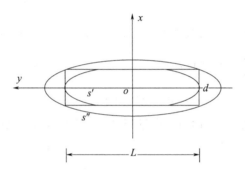

图 2.3　用椭圆旋转体来代替接地电极

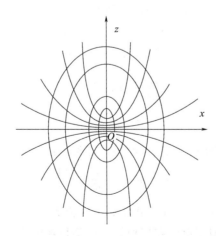

图 2.4　由(2.14)式和(2.15)式决定的椭圆组和双曲线组

被大地无限包围的具有几何长度的接地体(参看第 5 章图 5.4),在其形成的电场中,接地体 i 对大地任一点 k 的互电阻和椭圆方程(即等位线)及双曲线方程(即电流线)为[1]:

$$R_{ki} = \frac{V_{ki}}{I_i} = \frac{\rho}{8\pi r_0} \ln \frac{\mu_{ki} + r_0}{\mu_{ki} - r_0} \tag{2.13}$$

$$\frac{z^2}{\mu_{ki}^2} + \frac{x^2}{\mu_{ki}^2 - r_0^2} = 1 \tag{2.14}$$

$$\frac{z^2}{\mu_{ki}^2} - \frac{x^2}{r_0^2 - \mu_{ki}^2} = 1 \tag{2.15}$$

式中:μ_{ki}——双曲线实半轴;$\sqrt{r_0^2 - \mu_{ki}^2}$——双曲线虚半轴;其他符号见(5.4)式和(5.5)式。

作为一个例子,参用图 2.5,试求一支上端与地面齐平的垂直接地体的接地电阻(它的电流为 I)。

由图 2.5,补以镜像,$I_i = 2I$,又 $L = 2l$;$z = 0$;$y = 0$;$x = \frac{1}{2}d$;$r_0 = \frac{L}{2} = l$,则和图 5.4 的图形完全一样。由(2.14)式得到:

$$\mu_{ii} = \sqrt{l^2 + \left(\frac{d}{s}\right)^2}$$

将上述已知各值代入(2.13)式,注意到 $d \ll l$,接地体的自电阻即接地电阻为:

$$R = 2R_{ii} = 2 \times \frac{V_{ii}}{I_i} = \frac{\rho}{2\pi l} \ln \frac{4l}{d} \tag{2.16a}$$

当用外接长椭圆旋转面来代替接地体表面时,相当于接地体的长度和直径均增加了 $\sqrt{2}$ 倍。故(2.13)式、(2.14)式、(2.15)式改写为:

$$R_{ki} = \frac{V_{ki}}{I_i} = \frac{\rho}{\sqrt{2} \, 8\pi r_0} \ln \frac{\mu + \sqrt{2} \, r_0}{\mu - \sqrt{2} \, r_0} \tag{2.17}$$

$$\frac{z^2}{\mu_{ki}^2} + \frac{2x^2}{\mu_{ki}^2 - 2r_0^2} = 1 \tag{2.18}$$

$$\frac{z^2}{\mu_{ki}^2} - \frac{2x^2}{2r_0^2 - \mu_{ki}^2} = 1 \tag{2.19}$$

相应于图 2.5 中接地体的自电阻,即接地电阻为:

$$R = 2R_{ii} = \frac{\rho}{2\sqrt{2} \, \pi r} \ln \frac{4l}{d} \tag{2.16b}$$

显然,在接地工程中采用(2.16b)式是偏于安全的。

第二种近似方法,是假定电流在接地体上按某种规律分布[2]。

例如:视电流密度集中于接地体中心,或沿轴线均匀分布,电流密度沿接地体表面均匀分布,接地体各部分的电流密度有一定程度的不均匀分布。

电流密度沿轴线均匀分布的假设,使我们可以用接地体长度中点表面的电位作为接地体的电位来进行计算,也可以使用接地体的平均电位而使计算结果更精确一些。

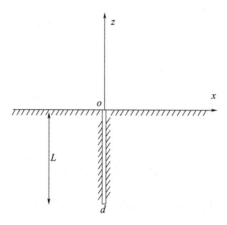

图 2.5　垂直接地极

被地无限包围的具有几何长度的接地体,当视电流密度沿轴线均匀分布:

$$\delta = \frac{I_i}{L}$$

参用图 2.6,在 $i(x,0,0)$ 点的元电流 $\delta\mathrm{d}x$ 使 k 点出现的电位为:

$$\mathrm{d}V_{ki} = -d\,\frac{\delta\rho}{4\pi S}\mathrm{d}x$$

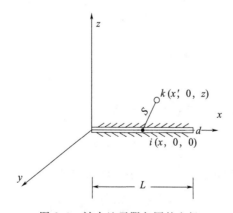

图 2.6　被大地无限包围的电极

或
$$dV_{ki} = -\frac{\delta\rho}{4\pi}\frac{1}{\sqrt{(x-x')^2+z^2}}dx$$

故

$$V_{ki} = -\frac{\delta\rho}{4\pi}\int_L^0 \frac{1}{\sqrt{(x-x')^2+z^2}}dx$$

$$= \frac{\delta\rho}{4\pi}\int_0^L \frac{1}{\sqrt{(x-x')^2+z^2}}dx$$

$$= \frac{\delta\rho}{4\pi}\left(\text{sh}^{-1}\frac{x}{z}-\text{sh}^{-1}\frac{x-L}{z}\right) \tag{2.20}$$

ki 间互电阻为：

$$R_{ki} = \frac{V_{ki}}{I_i} = \frac{\rho}{4\pi L}\left(\text{sh}^{-1}\frac{x}{z}-\text{sh}^{-1}\frac{x-L}{z}\right) \tag{2.21}$$

参用图 2.5，接地体的电位用长度中点表面的电位来代替，且有 $x=\frac{L}{2}=l$；$z=\frac{d}{2}$；$I_i=2l$；$L=2l$。代入(2.21)式，注意到 $\text{sh}^{-1}A=\ln(A+\sqrt{1+A^2})$，接地体的自电阻即接地电阻为：

$$R = 2R_{ii} = 2\times\frac{V_{ii}}{I_i} = \frac{\rho}{2\pi l}\ln\frac{4l}{d} \tag{2.22}$$

和用第一种近似方法计算的结果相同。

如采用接地体的平均电位时，可对(2.20)式中 x 由 0 积分到 L，再用 L 去除即得：

$$V_{ki} = \frac{\delta\rho}{4\pi L}\int_0^L \left(\text{sh}^{-1}\frac{x}{z}-\text{sh}^{-1}\frac{x-L}{z}\right)dx$$

$$= \frac{\delta\rho}{2\pi}\left[\frac{z}{L}+\text{sh}^{-1}\frac{L}{z}-\sqrt{1+\left(\frac{z}{L}\right)^2}\right] \tag{2.23}$$

或

$$R_{ki} = \frac{V_{ki}}{I_i} = \frac{\rho}{2\pi L}\left[\frac{z}{L}+\text{sh}^{-1}\frac{L}{z}-\sqrt{1+\left(\frac{z}{L}\right)^2}\right] \tag{2.24}$$

参用图 2.5，且有 $x=\frac{L}{2}=l$；$z=\frac{d}{2}$；$I_i=2l$；$L=2l$。

代入(2.24)式，注意到 $d\ll L$，接地体自电阻即接地电阻为：

$$R_{ii} = \frac{V_{ii}}{I} = \frac{\rho}{2\pi l}\left(\ln\frac{8l}{d}-1\right) \tag{2.25}$$

对于两个平行的接地体(图 2.7)，长度各为 L_1、L_2，相距 D，计算其互电阻可将 (2.20)式中 z 代 D，L 代 L_1 对 x 由 0 积分到 L_2，再用 L_2 去除即得：

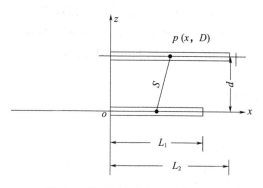

图 2.7　计算平行电极的坐标系统

$$R_{21} = R_{12} = \frac{\rho}{4\pi L_1 L_2} \int_0^{L_2} \left(\operatorname{sh}^{-1} \frac{x}{D} - \operatorname{sh}^{-1} \frac{x-L_1}{D} \right) \mathrm{d}x$$

$$= \frac{\rho}{4\pi L_1 L_2} \Big[L_1 \operatorname{sh}^{-1} \frac{L_1}{D} - L \operatorname{sh}^{-1} \frac{L_2}{D} - (L_2 - L_1) \operatorname{sh}^{-1} \frac{L_2 - L_1}{D} -$$

$$\sqrt{D^2 + L_1^2} - \sqrt{D^2 + L_2^2} + \sqrt{D^2 + (L_2 - L_1)^2} + D \Big] \qquad (2.26)$$

当 $L_1 = L_2 = L$

$$R_{21} = R_{12} = \frac{\rho}{2\pi L} \left(\operatorname{sh}^{-1} \frac{L}{D} + \frac{D}{L} - \sqrt{1 + \left(\frac{D}{L}\right)^2} \right) \qquad (2.27)$$

如两接地体任意布置时,互电阻的通式为:

$$R_{ki} = \frac{\rho}{4\pi L_i L_k} \iint_{L_i L_k} \frac{\mathrm{d}L_i \mathrm{d}L_k}{s} \qquad (2.28)$$

上述两种近似方法,都可以在接地工程中采用。对于是一个比较复杂的接地网,采用第二种近似方法较为简便。

一、接地网的设计要点

设计发电厂或变电所的接地装置,除了需要满足均衡电位和减小接地电阻两个基本要求外,还应力求节约钢材和减少接地工程的土方工作量。掌握下面列出的以减小接地电阻为目的的人工接地网的设计要点(关于均压网设计的要点,将在第 5 章介绍),是正确设计接地网以满足上述要求的重要方面之一。

(1)接地网的接地电阻主要和接地网的面积有关。附加于接地网上的 2~3 m 长的垂直接地体(冲击接地的要求除外),对减小接地电阻的作用不大,仅有 2.8%~8% 的效果。

(2)接地网孔大于 16 个时(均压的要求除外),接地电阻减小得很慢。例如:16 个与 2 个网孔的正方形接地网相比,接地电阻减小 23%,与 4 个网孔的正方形接地网相比,仅减小 10%。网孔个数和接地电阻的关系,还可以从图 2.8 中看出(图中 R 为平板的接地电阻)。因此,将多于 16 个网孔的接地体用来增大接地网的面积,对于减小接地电阻的效果要好得多。对于大型接地网,网孔个数也不宜大于 32 个。

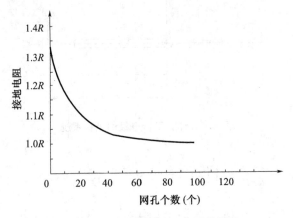

图 2.8　网孔个数和接地电阻的关系

(3)接地网的埋深达到一定时,接地电阻减小得很慢。例如:16 个网孔的正方形接地网 $l \times l$ (m²)当埋深为 0.0005 l(m)时,接地电阻减小 4.6%;0.0025 l(m)时,减小 9%;0.005 l(m)时,减小 11%;0.01 l(m)时,减小 13.5%。考虑到均压的要求,并考虑尽量减小接地工程的土方工作量,一般埋深可用 0.6~0.8 m。

(4)接地网的面积一定时,接地网的长宽比对接地电阻的影响不大。例如:有 2 个网孔的接地网,长宽比为 1:1 和 1.5:1 的相比,接地电阻减小 2.6%;与 2:1 的相比,减小 2.7%。因此,可视现场的地形、地质以及电力设备的布置等情况来决定接地网的外缘形状。

(5)在接地网内小面积范围,采用置换或化学方法改善接地体附近的高电阻率土壤,除对消除接触电阻有显著效果外,对减小接地电阻的作用不大。例如:即使接地网达到一个半球接地体,也只能使接地电阻减小 36.4%。因此,应当将这些人工改善土壤电阻率的接地体放在接地网外。

(6)采用引外接地时,引外接地体的中心距高压配电装置接地网中心的距离,根据我国水电厂的经验,一般不宜大于 500 m,否则由于引线本身的电阻压降,会使引外接地体的利用程度大大降低,其间的接地连接带宜用 2 根 40 mm×4 mm 扁铁,埋深不宜小于 0.8 m;两根引线间的距离尽可能的大一些,以防止两根引线同时损坏的可能。

二、常用的计算公式

下面列出在接地工程中常用的一些计算公式,这已是大家所熟知的。重述于此,以便查阅。

1. 垂直接地体的接地电阻(图 2.9)

本节已经介绍了由互电阻的公式(2.13)或(2.21)计算垂直接地体接地电阻的方法。实际上正如本章一开始所说,许多简单接地体的接地电阻,可以利用已知的电容计算式直接导出。被大地无限包围且长为 L 的孤立圆棒的电容为:

$$C = \frac{2\pi\varepsilon L}{\ln \dfrac{2L}{d}}$$

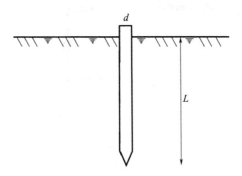

图 2.9　垂直接地体

显然,埋深为零且长为 $l = \dfrac{L}{2}$ 的圆棒的电容应为上值的一半,即:

$$C' = \frac{C}{2} = \frac{\pi\varepsilon L}{\ln \dfrac{2L}{d}}$$

由(2.6)式,得到上端与地齐平的垂直接地体的接地电阻为:

$$R = \frac{\rho\varepsilon}{C'} = \frac{\rho}{\pi L}\ln\frac{2L}{d}$$

又因垂直接地体的实际长度为 l ,故有 $L = 2l$ 代入上式后得到:

$$R = \frac{\rho}{2\pi l}\ln\frac{4l}{d} \tag{2.29}$$

式中　ρ——地电阻率($\Omega \cdot$ m);

　　　l——垂直接地体长度(m);

　　　d——接地体用圆钢时,圆钢的直径(m),当用其他型式的钢材时,其等值直径如下(图 2.10):

钢管: $d = d'$

扁钢: $d = \dfrac{b}{2}$

角钢: $d = 0.84b$

不等边角钢：$d = 0.71\sqrt[4]{b_1 b_2 (b_1^2 + b_2^2)}$

2. 与地面齐平的圆盘接地体的接地电阻(图 2.11)

已知孤立圆盘的电容为：

$$C = 8\varepsilon r$$

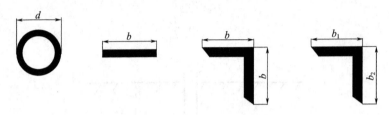

图 2.10　几种接地体的截面

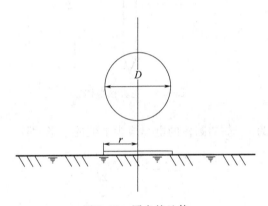

图 2.11　圆盘接地体

因一面在地中，一面在空气中，故

$$C' = \frac{C}{2} = 4\varepsilon r$$

所以

$$R = \frac{\rho\varepsilon}{C'} = \frac{\rho}{4r}(单位：\Omega) \tag{2.30}$$

式中　r——圆盘半径(m)。

(2.30)式不仅适用于圆盘，也适用于平板，只要用平板的等值半径代入上式就行了。故(2.30)式可改写为：

$$R = \frac{\rho}{4\sqrt{\frac{A}{\pi}}}(单位：\Omega) \tag{2.30'}$$

式中　A——平板的面积(m^2)。

3. 与地面齐平的半球接地体的接地电阻(图 2.12)

半球接地体的电容为：

$$C'=2\pi r\varepsilon$$

故

$$R=\frac{\rho\varepsilon}{2\pi r}=\frac{\rho}{2\pi r}(\text{单位}:\Omega) \tag{2.31}$$

式中　r——半球半径(m)。

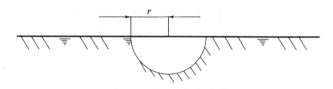

图 2.12　半球接地体

4. 不同形状的水平接地体的接地电阻

$$R=\frac{\rho}{2\pi L}\left(\ln\frac{L^2}{dh}+K\right)(\text{单位}:\Omega) \tag{2.32}$$

式中　L——水平接地体的总长度(m)；

　　　h——水平接地体的埋设深度(m)；

　　　d——水平接地体的直径或等值直径(m)；

　　　K——水平接地体的形状系数(表 2.2)。

表 2.2　水平接地体的形状系数 K

形状	—	∟	人	+	☀	☀	□	○
K	0	0.378	0.867	2.14	5.27	8.81	1.69	0.48

(2.31)式是由奥斯郎等人推荐的计算式[3-5]。该式是用本章介绍的第二种近似方法得到的。经在接地工程中使用,尚符合实际。但由于推荐的形状不多,故使用受到限制,也不适用于大型接地网。

5. 复合接地体(以水平接地体为主,且边缘闭合)的接地电阻

$$R=0.443\frac{\rho}{\sqrt{A}}+0.159\frac{\rho}{L}\ln\frac{0.635L^2}{hd\times10^4}(\text{单位}:\Omega) \tag{2.33a}$$

或

$$R=0.44\frac{\rho}{\sqrt{A}}+0.159\frac{\rho}{L}\ln\frac{8A}{hd\times10^4}(\text{单位}:\Omega) \tag{2.33b}$$

式中　A——接地网的总面积(m²)；

　　　L——接地体的总长度,包括垂直接地体在内(m)；

　　　d——水平接地体的直径(m)；

h——水平接地体的埋设深度(m)。

因为接地网介于圆环和圆盘之间,故(2.33a)和(2.33b)式系利用已知的圆环和圆盘的电容计算式来导出的。(2.33a)式可能更准确一点,而(2.33b)式的特点是物理意义清楚。该式的第一项,说明了接地电阻主要决定于接地网的面积。而后一项,即接地网的埋深、接地体的直径以及网内的水平和垂直接地体的总长度对减小接地电阻的作用很小,通常仅占 R 总数的 10% 左右。

上式适用于计算大型接地网的接地电阻。但在使用该式时,应特别注意地电阻率 ρ 的选取,一般应取主要接地体埋深处的数值,以免引起较大的误差。当地电阻率很不均匀时,ρ 的取法还应考虑接地网所在位置地层深处电阻率的影响。

6. 接地电阻的估算式(表 2.3)

表 2.3 接地电阻估算式(Ω)

接地体形式	估算式	备注
垂直式	$R \approx 0.3\rho$	长度 3 m 左右的接地体
单根水平式	$R \approx 0.03\rho$	长度 60 m 左右的接地体
复合式接地网	$R \approx 0.5 \dfrac{\rho}{\sqrt{A}} = 0.28 \dfrac{\rho}{r}$ 或 $R \approx \dfrac{\rho}{\sqrt[4]{\dfrac{A}{x}}} + \dfrac{\rho}{L} = \dfrac{\rho}{4r} + \dfrac{\rho}{L}$	1. A 大于 100 m² 的闭合式接地网 2. R 为与 A 等值的圆的半径 3. L 为接地体的总长度

2.3 地电阻率非均匀时的接地电阻

在接地网的埋设处,地电阻率常常不是均匀的。如果仍然用均匀电阻率的接地计算方法,会产生很大的误差。但是,要进行非均匀电阻率的接地计算,需要涉及较多的数学知识,计算过程相当烦琐。而且地电阻率的分布资料,又常常因为受到客观条件的限制,不能及时或较准确的得到。特别是配电装置的场地在开挖、回填前后的电阻率变化较大,视电阻率曲线几乎不是通过一两次测量就能得到,而是要经过多次反复测量,持续相当长的时间才能得到比较满意的结果。因此,非均匀电阻率的接地计算,在接地工程中还用得不多。当地具有典型的两个剖面或两层结构时,才可以使接地计算得到一些简化。下面介绍两种经常碰到的在典型地层结构中的接地计算方法。

一、地具有两个剖面结构时

当接地网平放在两种电阻率的地面上(图 2.13),覆盖 ρ_1 和 ρ_2 的面积分别为 A_1 和 A_2,接地网的总面积为 A 时,由表 2.3,对于 A 大于 100 m² 的闭合式接地网有:

$$R = 0.5 \frac{\rho}{\sqrt{A}}$$

对于图 2.13 的情况有：

$$R_1 = 0.5 \frac{\rho_1}{\sqrt{A}} \cdot \frac{A}{A_1}$$

$$R_2 = 0.5 \frac{\rho_2}{\sqrt{A}} \cdot \frac{A}{A_2}$$

故总接地电阻为：

$$R = \frac{R_1 R_2}{R_1 + R_2} = 0.5 \frac{1}{\sqrt{A}} \cdot \frac{A \rho_1 \rho_2}{A_2 \rho_1 + A_1 \rho_2} \tag{2.34}$$

或　　　　　　　　　$$R = 0.5 \frac{[\rho_a]}{\sqrt{A}} \tag{2.35}$$

式中　　　　　　　　$$[\rho_a] = \frac{A \rho_1 \rho_2}{A_2 \rho_1 + A_1 \rho_2} \tag{2.36}$$

称为等值电阻率。得到 $[\rho_a]$ 后，接地电阻的计算方法就和地电阻率均匀时的一样。

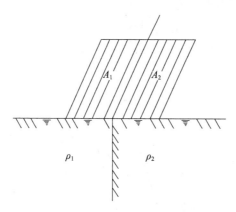

图 2.13　接地网平放在两种电阻率的地面上

二、地具有两层结构时

用等极距四极法测量的视电阻率为：

$$\rho_a = 2\pi a R$$

我们已经知道：上述视电阻率随极距 a 而变化的曲线可以用(1.7)式表示。即：

$$\rho_a = \rho_2 - (\rho_2 - \rho_1) e^{-\frac{a}{b}} \left(2 - e^{-\frac{a}{b}} \right)$$

当用上式来表示地的电阻率随深度而变化时，等极距四极法的电压极电位可由下式进行计算：

$$V = \frac{\left[\rho_2 - (\rho_2 - \rho_1) e^{-\frac{S}{b}} \right] I}{2\pi S} \tag{2.37}$$

由(2.37)式,可证明(1.7)式与 $2\pi aR$ 相等。因此,可以用(2.37)式来表示地面某一点的电位。参用图 2.14,采用第二种近似方法,应用(2.37)式,得到 P 点的电位(PBA 为直角)为:

$$V_P = \frac{I}{2\pi x_1} \int_0^{x_1} \frac{1}{\sqrt{x^2 + y_1^2}} \left[\rho_2 - (\rho_2 - \rho_1) e^{-\frac{1}{b}\sqrt{x^2 + y_1^2}} \right] \mathrm{d}x \tag{2.38}$$

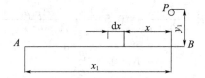

图 2.14　P 点电位计算参考图

在接地网(图 2.15)上取 n 个点的电位(点越多,则越准确),仿(2.38)式可以得到 n 个点的平均电位,即接地网的电位为:

$$V = \frac{1}{n} \sum_{i=1}^{n} V_i(L, B) \tag{2.39}$$

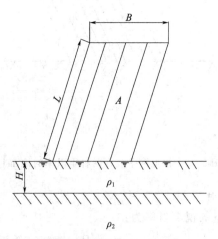

图 2.15　接地网在两层电阻率的地面上

由(2.39)式,两端同除以 I,故接地网的接地电阻为:

$$R = \frac{V}{I} = \frac{1}{In} \sum_{i=1}^{n} V_i(L, B) \tag{2.40}$$

用(2.40)式与均匀电阻率的 R 相比较,可以得出等值电阻率 $[\rho_a]$ 为:

$$\frac{[\rho_a] - \rho_1}{\rho_2 - \rho_1} = K \tag{2.41}$$

或　　　　　　　$$[\rho_a] = K(\rho_2 - \rho_1) + \rho_1 \tag{2.42}$$

式中　　ρ_1——第一层地的电阻率（$\Omega \cdot m$）；

　　　　ρ_2——最下面一层地的电阻率（$\Omega \cdot m$）。

（2.42）式中的系数 K，与接地网的面积 A、网孔个数 N，接地体半径 r(cm)，接地网长宽比以及和视电阻率曲线的常数 b(m)有关。引用的计算结果，K 可由图 2.16 的曲线中查出。其方法如下：先从图 2.16 左下角选定接地网面积 A，作水平线与视电阻率曲线常数 b 相交；由交点向上作垂线与网孔个数 N 曲线相交，再由交点向右作水平线与图右上角接地体半径 r 曲线相交，再由交点向下作垂线与接地网长宽比 L/B 曲线相交，最后由交点向右作水平线即得 K。用 K 代入 2.42 式求出等值电阻率 $[\rho_a]$，则可按均匀电阻率的计算方法求出接地电阻。

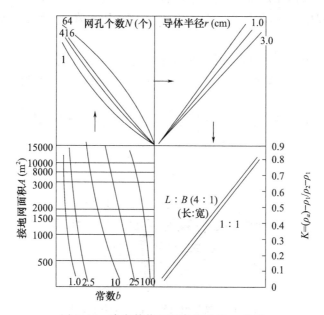

图 2.16　决定等值电阻率的曲线 ρ_a 曲线

视电阻率曲线常数 b 并不是第一层电阻率 ρ_1 的地层深度，但具有第一层深度的量纲。由图 2.16 可以看出，当 ρ_1 和 ρ_2 的差别较大时，即使 $b = 100$ m，在接地网面积达 300 m^2 时，也不能忽略下面一层地电阻率的影响。只有在接地网的长和宽与 b 值比较起来是足够小的情况下，才能不计下面一层地电阻率的影响。

在初步设计中，如果没有来得及得到现场测量的视电阻率曲线，但已估计出上、下层的电阻率时，作为一个近似估计，可取 K 为 0.5。故等值电阻率等于地上、下层电阻率的算数平均值,但在施工设计中,应按测量的 b 值予以校正。

2.4　人工改善地电阻率的接地电阻

2.4.1　减小接地电阻的原理

实践证明,在高电阻率地区采用人工改善地电阻率的方法,对减小接地电阻具有一定的效果。例如:湖南省某水电厂 110～220 kV 屋外配电装置的场地,采用开挖厂房的板岩和长石石英砂岩回填,回填深度达 10 m 左右,测量的电阻率高达 4500 Ω·m,为了减小配电装置的接地电阻,大量采用人工接地坑和沟,用低电阻率的黏土置换接地体附近的岩渣,耗用钢材 2400 kg,接地电阻测量值达到 1.28 Ω。

对于一个半径为 r 的半圆球接地体而言,其接地电阻 50% 集中在自接地体表面至距球心 $2r$ 的半圆球面内,如果将 r 至 $2r$ 间的土壤电阻率降低,就可以使接地电阻大大减小。

如图 2.17 所示的一个半圆球接地体,原地电阻率为 ρ_2,将 r 至 r_1 范围内的电阻率为 ρ_2 的土壤用低电阻率的材料 ρ_1 置换,则半圆球接地体的接地电阻为:

$$R = \frac{\rho_1}{2\pi}\int_r^{r_1}\frac{1}{S^2}\mathrm{d}S + \frac{\rho_2}{2\pi}\int_{r_1}^{\infty}\frac{1}{S^2}\mathrm{d}S = \frac{\rho_1}{2\pi}\left(\frac{1}{r}-\frac{1}{r_1}\right)+\frac{\rho_2}{2\pi r_1} \tag{2.43}$$

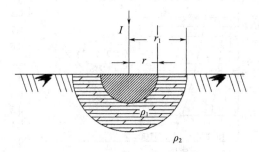

图 2.17　改善地电阻率的半圆球接地体

置换前的接地电阻 R_x 为:

$$R_x = \frac{\rho_2}{2\pi r} \tag{2.43$'$}$$

(2.43)式与(2.43$'$)式之比为:

$$\frac{R}{R_x} = \frac{\rho_1}{\rho_2}\left(1-\frac{r}{r_1}\right)+\frac{r}{r_1} \tag{2.44}$$

当 $\rho_1 \ll \rho_2$,(2.44)式改写为:

$$R = R_x \frac{r}{r_1} = \frac{\rho_2}{2\pi r_1} \tag{2.45}$$

故接地电阻减小的百分数为：

$$\Delta R = \left(1 - \frac{r}{r_1}\right) 100\% \tag{2.46}$$

由(2.45)式可以看出,用低电阻率的材料置换半球附近高电阻率的土壤,相当于将半球接地体的半径由 r 增大到 r_1,由于接地体几何尺寸的增加,而使接地电阻减小。由(2.46)式可见,用低电阻率的材料将半球半径增大一倍,接地电阻减小 50%。

对于改善地电阻率的垂直接地体(图 2.18),采用第一种近似方法,并假定电阻率沿电流线方向变化,但沿电位线方向为一常数,人工接地坑 ρ_1 和 ρ_2 分界面近似用一个椭圆旋转面所代替,故接地电阻为：

$$R = \frac{\rho_1}{2\pi\sqrt{l^2 + \left(\frac{d}{2}\right)^2}} \ln \frac{d_1\sqrt{l^2 + \left(\frac{d}{2}\right)^2} + l}{d\sqrt{l^2 + \left(\frac{d_1}{2}\right)^2} + l} + \frac{\rho_2}{2\pi d_1\sqrt{l^2 + \left(\frac{d}{2}\right)^2}} \ln \frac{2\sqrt{l^2 + \left(\frac{d_1}{2}\right)^2} + 2l}{d_1} \tag{2.47}$$

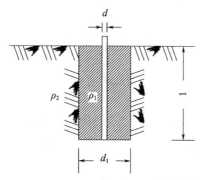

图 2.18 改善地电阻率的垂直接地体

当 $d \ll l$, $\sqrt{l^2 + \left(\frac{d}{2}\right)^2} \approx l$;

$d_1 < l$, $\sqrt{l^2 + \left(\frac{d_1}{2}\right)^2} \approx l$;

(2.47)式简化为：

$$R = \frac{\rho_1}{2\pi l} \ln \frac{d_1}{d} + \frac{\rho_2}{2\pi l} \ln \frac{4l}{d_1} (单位:\Omega) \tag{2.47'}$$

式中　ρ_1——置换材料的电阻率($\Omega \cdot m$);

　　　ρ_2——原地层的电阻率($\Omega \cdot m$);

　　　l——垂直接地体长度(m);

d——垂直接地体直径(m)；

d_1——置换直径(m)。

当 $\rho_1 \ll \rho_2$，$(2.47')$ 式改写为：

$$R=\frac{\rho_2}{2\pi l}\ln\frac{4l}{d_1}(单位:\Omega) \tag{2.48}$$

故接地电阻减小的百分数为：

$$\Delta R=\left[1-\left(\frac{\ln\dfrac{4l}{d_1}}{\ln\dfrac{4l}{d}}\right)\right]100\% \tag{2.49}$$

对于直径为 0.02 m、长 2 m 的垂直接地体，当用低电阻率的材料将接地体的直径增大 15 倍时，接地电阻减小 45.3%。

如果置换直径 d_1 也增大到可以和垂直接地体的长度 l 相比拟，则可近似用半球接地体代替。当 $d_1=l$，接地电阻为：

$$R=\frac{\rho_2}{2\pi l}\left(\ln\frac{8l}{d_1}-1\right)\approx\frac{\rho_2}{2\pi l}(单位:\Omega) \tag{2.50}$$

接地电阻减小的百分数为：

$$\Delta R=\left(1-\frac{1}{\ln\dfrac{4l}{d}}\right)100\% \tag{2.51}$$

对于直径为 0.02 m、长 2 m 的垂直接地体，当置换直径等于 2 m 时，接地电阻减小 83.3%。

对于是埋深为 h 的水平接地体(图 2.19)的接地电阻为：

$$R=\frac{\rho_1}{2\pi l}\ln\frac{d}{d}+\frac{\rho_2}{2\pi l}\ln\frac{2l}{d_1}(单位:\Omega) \tag{2.52}$$

式中　d_1——内切于置换截面圆的直径(m)。

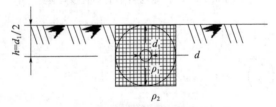

图 2.19　改善地电阻率的水平接地体

当 $\rho_1 \ll \rho_2$，(2.52) 式改写为：

$$R=\frac{\rho_2}{2\pi l}\ln\frac{2l}{d_1}(单位:\Omega) \tag{2.53}$$

用(2.53)式与置换前的水平接地体的接地电阻

$$R_x = \frac{\rho_2}{2\pi l} \ln \frac{l^2}{hd}$$

相比,当 $h = \frac{1}{2} d_1$ 时,接地电阻减小的百分数为:

$$\Delta R = \left(1 - \frac{\ln \dfrac{2l}{d_1}}{\ln \dfrac{2l^2}{d_1 d}}\right) 100\% \tag{2.54}$$

在试验和在现场测量中发现,接地电阻减小的百分数还要大些,甚至比理论极限还要大得多。这是由于置换材料(特别是降阻剂)起到了消除接触电阻的作用。因此,人工改善地电阻率减小接地电阻的效果包括两个方面:一是相当于增大了接地体的几何尺寸,二是消除了接触电阻,从而使接地电阻显著地减小。除用降阻剂外,当用固体置换材料时,应注意置换材料与接地体表面和与坑壁的紧密接触。否则,效果会大大减小,甚至比原来的接地电阻还要大些。在有条件的地方,用高压泵将降阻剂从接地体的四周压入地层内,其效果会更加显著。

2.4.2　置换材料

人工改善地电阻率有浸渍和置换两种方法。前者是用低电阻率的化学溶液,用高压泵将溶液压入高电阻率的地层中。这种方法可以较大范围地减小地的电阻率。特别适用于砂层和砾石地区。后者是用低电阻率的固体或液体材料,置换接地体附近小范围内的高电阻率土壤。这种方法,施工简单,不受设备和地质条件的限制。

1. 固体置换材料

选择置换材料,要因地制宜,取用于附近工厂的废渣,做到综合利用。我国电力部门采用的置换材料是多种多样的。例如:镁钙、镁盐、氯化钙、盐泥、电石渣、氧化锌渣、卤矿渣、硼矿渣、氯化钡渣、氧化镁渣、烧碱、食盐木炭、黏土等,无非是:①属于化工厂的废渣;②属于冶炼或机械厂的废渣;③化工制成品。

无论选择哪一种材料,应当是电阻率低,不易流失,性能稳定,易于吸收和保持水分,对接地体无强烈腐蚀作用以及施工简便,经济合理等。

为了避免引起接地体的强烈腐蚀,选择的材料,其溶液不应呈酸性,最好是呈中性或碱性反应。

接地体的腐蚀,主要是电化学的腐蚀。影响接地体腐蚀速度 δ 的因素,除了和钢铁本身的成分、轧制方式及表面光滑状况(如圆钢与扁钢不同)有关外,主要取决于接地体所在环境周围的氢离子浓度 pH 值和氧气通过量。氧气通过量愈低,腐蚀速度就愈小。当置换材料的溶液在中性范围内,几乎和 pH 值无关。δ 若为酸性时,δ 随 pH 的减小(即酸性增强)而急剧上升。溶液为碱性时,在一般情况下,随 pH 值的增加(即碱性增强)反而有所下降。这是由于铁在碱性溶液中,生成极难溶解的氧化物或氢氧化合物,从而起到稳定作用。只有在碱性极强,尤其在高温情况下,才可能有高铁酸盐形成,腐蚀速度才会增加。

当 pH 值在 6~12 范围内,腐蚀速度 δ 约 0.05 mm/a。当 $\delta \gg 0.1$ mm/a 时,接地体应采取防腐措施,如镀锌、镀铅等。在一般情况下,宜适当将规程上允许的接地体最小规格增大一些。例如:圆钢的直径不小于 12 mm,钢管厚度不小于 5 mm,扁钢不小于 40 mm×4 mm。

接地规程根据华东、西南、中南、西北、东北等地 58 处的接地体腐蚀数据,得出年平均最高腐蚀速度如表 2.4 所示。分析实测数据可知,圆钢的年平均最高腐蚀速度 δ_y (mm/a),可根据土壤电阻率 $\rho(\Omega \cdot m)$,按下列经验公式估算:

$$\delta_y = \frac{1}{1.3 + 0.0004\rho^{1.5}} \tag{2.55}$$

扁钢可按下式估算:

$$\delta_y = \frac{1}{4 + 0.0012\rho^{1.5}} \tag{2.56}$$

表 2.4　接地体的年平均最高腐蚀速度

土壤电阻率($\Omega \cdot m$)(估计值)	<25 (盐碱地等重腐蚀地区)	50 左右	200~300	1000
圆钢腐蚀速度(mm/a)	0.67~2.4	0.4~1.0	0.18~0.38	0.08
扁钢腐蚀速度(mm/a)		0.11~0.2		
有防腐措施的扁钢的腐蚀速度(mm/a)	0.2 (涂沥青)	0.065 (热镀锡)		

表 2.4 是根据同类土壤中腐蚀情况最严重,即将接地体腐蚀断时,按使用年限算出的腐蚀速度。对于未腐蚀断的接地体,没有挖开测量腐蚀深度,因此上述年平均腐蚀速度是同类土质地区中腐蚀严重的情况,数值偏大。扁钢的腐蚀速度为圆钢腐蚀速度的 1/3 以下。

除了考虑对接地体的腐蚀外,选择的置换材料,还应当是离解度大,离子绝对速度高的物质。离子的导电能力,除了和本身的电价(电量)有关外,主要取决于它的绝对速度。绝对速度愈大,导电能力愈强。

选择的置换材料,还应当是离子当量电导较大的物质。单位质量(1 摩尔质量)溶质的溶液(不论其体积多大),所具有的电导称为当量电导。显然,它和溶液的浓度有关。随着溶液的稀释,离子相互吸引力减小,离解度增加,当量电导增大。

根据运行实践,在各种废渣中,以电石渣的效果较好。四川省某水电厂接地电阻为

1.4 Ω,采用电石渣置换高电阻率土壤后,全厂接地电阻连续三年测量值为 0.38～0.45 Ω。电石渣的试验资料列于表 2.5 中。

表 2.5　电石渣电阻率测量结果

材料名称	试样状态	电压(V)	电流(A)	电阻(Ω)	电阻率(Ω·m)	试验日期	备注
电石渣 黄泥 黄泥加 5 g 烧碱	正常湿润 正常湿润 正常湿润	100 100 50	0.205 0.035 1.40	488 2860 35.6	12.4 71.5 0.875	1 月 6 日 1 月 6 日 1 月 6 日	
电石渣加 3 g 食盐	正常湿润 蒸发较多	62 95	2.60 4.32	23.0 296	0.575 7.4	1 月 6 日 1 月 18 日	同一个试样
黄泥加 3 g 食盐	正常湿润 蒸发不多	75 27	5.0 0.90	15 30	0.375 0.75	1 月 6 日 1 月 18 日	同一个试样
电石渣加 5 g 烧碱	正常湿润 蒸发较多	30 104	3.60 0.40	8.45 260	0.212 6.5	1 月 6 日 1 月 18 日	同一个试样
电石渣与黄泥 等量混合	正常湿润	100	1.80	55.5	1.375	1 月 6 日	

由表 2.5 可以看出,置换材料在正常湿润状态下的电阻率,电石渣比黄泥低,混以食盐的黄泥又比混以食盐的电石渣低,混以烧碱的电石渣又比混以食盐的黄泥低。上述试样在室内存放 12 d 后,再进行电阻率测量时发现,混以食盐或烧碱的电石渣,由于不易保持水分,试样干燥较快,电阻率回升到正常湿润状态的 13 和 30 倍。而混以食盐的黄泥试样,由于水分不易蒸发,仍然保持湿润状态,因而 12 d 后电阻率仅增加一倍。综合两者之长,采用电石渣和黄泥各半,加入 5% 的食盐以改善电阻率,作为该厂采用的置换材料。

2. 化学降阻剂

化学降阻剂是我国有关电力部门在化工部门的协助下,研究试制地一种较为有效地减小接地电阻的新产品。它由 A、B、C、D 四剂和水混合组成。其原料的配方和用量见表 2.6。

注入化学降阻剂的操作方法和顺序如下:

(1)取一铁桶(或木桶),在桶中加 20 L 水,先加 A 剂搅拌溶解;

(2)再加 B 剂,充分搅拌溶解;

(3)在证实 A 剂和 B 剂确实完全溶解后,再加 C 剂混合;

(4)最后加入 D 剂;

(5)A、B、C、D 四剂和水混合后,应充分捣拌,再注入接地体的孔洞中;

（6）遇到疏松的砂土时，应将药剂放置呈乳化后，再注入孔洞内；

（7）冬季施工时，B剂应成倍增加。

表 2.6　一支 30 L 降阻剂的原料配方用量表

材料名称	试样状态	电压(V)	电流(A)	电阻(Ω)	电阻率(Ω·m)	试验日期	备注
电石渣	正常湿润	100	0.205	488	12.4	1月6日	
黄泥	正常湿润	100	0.035	2860	71.5	1月6日	
黄泥加 5 g 烧碱	正常湿润	50	1.40	35.6	0.875	1月6日	
电石渣加 3 g 食盐	正常湿润	62	2.60	23.0	0.575	1月6日	同一个试样
	蒸发较多	95	4.32	296	7.4	1月18日	
黄泥加 3 g 食盐	正常湿润	75	5.0	15	0.375	1月6日	同一个试样
	蒸发不多	27	0.90	30	0.75	1月18日	
电石渣加 5 g 烧碱	正常湿润	30	3.60	8.45	0.212	1月6日	同一个试样
	蒸发较多	104	0.40	260	6.5	1月18日	
电石渣与黄泥等量混合	正常湿润	100	1.80	55.5	1.375	1月6日	

表 2.7 是用降阻剂和不用降阻剂的试验结果。

由表 2.7 可以看出，无论使用或不使用降阻剂，都存在一个需要消除接触电阻的问题，它们的接触电阻几乎达到了接地电阻的 100%。以经过一个月后稳定下来的接地电阻为例（估计接触电阻的影响已经消除），使用降阻剂后，接地电阻减小约 43.5%。在某电厂进行的冲击试验表明，在 900～1500 A 的冲击电流作用下，不用和用降阻剂的接地体的冲击系数几乎相同。

表 2.7　降阻剂的效果试验

项目		国产降阻剂	日本降阻剂	不用降阻剂
土质		朱石夹黄土	朱石夹黄土	朱石夹黄土
接地体(m)		直径 0.014,长 1.5	直径 0.014,长 1.5	直径 0.014,长 1.5
孔洞规格(m)		直径 0.12,深 2.0	直径 0.12,深 2.0	
接地电阻(Ω)	4 月 24 日	602	592	大于 1000
	4 月 26 日	530	520	830
	5 月 3 日	465	465	785
	5 月 15 日	315	340	515
	5 月 24 日	305	360	540

2.4.3　人工接地坑

用固体置换材料来改善地电阻率的方法,是通过用倒锥形垂直接地体的人工接地坑和梯形截面水平接地体的人工接地沟来实现的。除用测量方法得到接地电阻值外,如果知道置换材料的电阻率和地电阻率,也可以用计算方法近似估算。

在人工接地坑 ρ_1 范围内,地面上任一点距垂直接地体距离为 S_1 处的电位为:

$$V_{S_1} = \frac{I\rho_1}{2\pi l}\ln\frac{\sqrt{l^2+S_1^2}+l}{S_1} + \frac{I(\rho_2-\rho_1)}{2\pi l}\ln\frac{2\sqrt{l_2+\left(\frac{d_1}{2}\right)^2}+2l}{d_1} \qquad (2.57)$$

人工接地坑 ρ_1 范围外,地面上任一点距垂直接地体的距离为 S_2 处的电位为:

$$V_{S_2} = \frac{I\rho_2}{2\pi l}\ln\frac{\sqrt{l^2+S_2^2}+l}{S_2} \qquad (2.58)$$

当 $\rho_1 \ll \rho_2$,并以垂直接地体的电位来表示电位分布,(2.57)式、(2.58)式改写为:

$$\frac{V_{S_1}}{V_\infty} = \frac{\ln\dfrac{\sqrt{l^2+\left(\frac{d_1}{2}\right)^2}+2l}{d_1}}{\ln\dfrac{4l}{d_1}}100\% \approx 100\% \qquad (2.59)$$

$$\frac{V_{S_2}}{V_\infty} = \frac{\ln\dfrac{\sqrt{l^2+S_2^2}+l}{S_2}}{\ln\dfrac{4l}{d_1}}100\% \qquad (2.60)$$

置换前地面上任一点距垂直接地体的距离为 S 处的电位百分数为:

$$\frac{V_S}{V_\infty} = \frac{\ln\dfrac{\sqrt{l^2+S^2}+l}{S}}{\ln\dfrac{4l}{d}}100\% \qquad (2.61)$$

图 2.20 中示出当 $\rho_1 \ll \rho_2$, $l=3$ m, $d=0.03$ m,下部坑径为 1 m 时的地面电位分布曲线。比较图中曲线 1 和曲线 2 可以看出,置换高电阻率土壤后的人工接地坑改善了接地体附近的电位分布,使电位分布曲线变化平缓了一些。这是由于置换材料的电阻率很小,相当于把接地体的直径增加到置换直径,因而电流密度减小了的缘故。图中曲线 3 是用置换前接地体的电位为基准所表示的人工接地坑地面电位分布。从该曲线可以看出置换后人工接地坑的电位只有原来的 35%(即接地电压减小了 65%),因而接地电阻减小了 65%。

因为最大的电位梯度发生在距垂直接地体边缘 0.5~1 m,所以人工接地坑的坑径无须过大。图 2.21 是用硫铁矿渣粉作置换材料的人工接地坑接地电阻和接地体长度或坑深的关系曲线。图中曲线 1 是测量数据,曲线 2 是用(2.47)式计算的结果。从图上可以看出,当接地体长度或坑深超过 3 m 时,l 对接地电阻的影响越来越小。

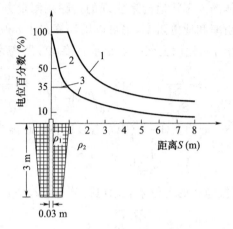

图 2.20　地面电位分布曲线

1—人工接地坑地面电位分布曲线;2—置换前的电位分布曲线
3—以置换前接地体电位为基准的人工接地坑地面电位分布曲线

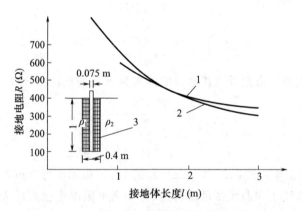

图 2.21　人工接地坑接地电阻和接地长度的关系
1—实验测量曲线;2—近似测量曲线;3—硫铁矿渣粉

由于上述原因,并考虑到施工的方便,建议人工接地坑的上部坑径 D_1 为 2 m,下部坑径 d_1 为 1 m,坑深 3 m 左右,接地体长度 l 为 2.5～3 m,埋深 0.6～0.8 m,接地体多余的长度可打入地层中以便固定。计算直径或置换直径取下部坑径 d_1,以偏于安全。人工接地坑的形状如图 2.22 所示。

理论和实践证明,采用人工接地坑对于减小工频接地电阻是有效果的,但对减小冲

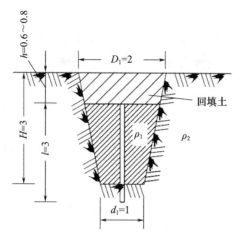

图 2.22　人工接地坑(单位:m)

击接地电阻的效果却不大,甚至在较大的冲击电流作用下不起作用。因为在冲击电流作用下,即使是未经处理的土壤,接地体附近的土壤为电弧和火花放电所短路,相当于接地体的直径增大,冲击电流愈大,电弧和火花区的直径也愈大,只有当置换直径大于上述电弧和火花区的直径时,置换土壤才能起到降低电阻的作用。反之,置换土壤与不置换土壤的冲击接地电阻值完全相同。

　　表 2.8 是用图 2.23 中三种接地体的埋设方式,在工频和冲击电流的作用下,减小接地电阻的试验结果[6]。

表 2.8　人工接地坑工频和冲击接地电阻的试验结果

电流	试验项目	接地体埋设方式		
		图 2.23a	图 2.23b	图 2.23c
工频小电流	工频接地电阻 $R(\Omega)$ 减小的效果(%)	356	308 13.5	201/102* 43.5/71.3
较小的冲击电流	电流(6～22 μs) I_{ch}(A) 冲击接地电阻 $R_{ch}(\Omega)$ 减小的效果(%)	754 253	878 210 17.0	940 145 42.7
较大的冲击电流	电流(6～22 μs) I_{ch}(A) 冲击接地电阻 $R_{ch}(\Omega)$ 减小的效果(%)	2500 169	2700 152 10.0	3040 124 26.6

　　* 试验时为 201 Ω,数月后稳定在 102 Ω。这是由于接触电阻在数月后大为减小,而且土壤也越来越密实,使土壤电阻率下降。这两个因素约为接地电阻值的 100%。

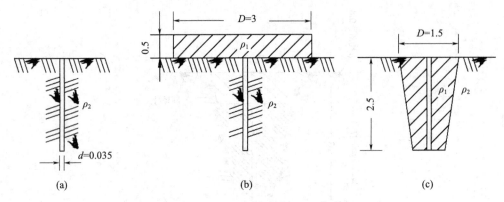

图 2.23　做冲击试验的接地体埋设方式(长度单位:m)

$\rho_1 = 100\ \Omega \cdot m$；$\rho_2 = 1000\ \Omega \cdot m$

　　由表 2.8 可以看出,冲击电流的幅值约 3000 A 时,人工接地坑的冲击接地电阻减小 26.6%,但在工频情况下却减小了 71.3%。因此,当用人工接地坑作为冲击接地时,在技术经济条件允许的情况下,应适当增大人工接地坑的坑径和坑深,才能起到较好的效果。

2.4.4　人工接地沟

　　当 $\rho_1 \ll \rho_2$,并以水平接地体的电位来表示电位分布,人工接地沟垂直方向的地面上的电位分布为:

$$\frac{V_{S_1}}{V_\infty} = \frac{\ln \dfrac{\sqrt{\left(\dfrac{l}{2}\right)^2 + \left(\dfrac{d_1}{2}\right)^2} + l}{d_1}}{\ln \dfrac{2l}{d_1}} 100\% \approx 100\% \tag{2.62}$$

$$\frac{V_{S_2}}{V_\infty} = \frac{\ln \dfrac{\sqrt{\left(\dfrac{l}{2}\right)^2 + S_2^2} + \dfrac{l}{2}}{S_2}}{\ln \dfrac{2l}{d_1}} 100\% \tag{2.63}$$

　　置换前的水平接地体,当埋深 $h = 0.5 d_1$ 时,地面电位分布百分数为:

$$\frac{V_S}{V_\infty} = \frac{\ln \dfrac{\left[\sqrt{\left(\dfrac{l}{2}\right)^2 + \left(\dfrac{d_1}{2}\right)^2 + S^2} + \dfrac{l}{2}\right]^2}{\left(\dfrac{d_1}{2}\right)^2 + S^2}}{\ln \dfrac{4l^2}{bd_1}} 100\% \tag{2.64}$$

　　在图 2.24 中示出当 $\rho_1 \ll \rho_2$,$l = 10$ m,$b = 0.04$ m,$d_1 = 2$ m 时的地面电位分布曲

线。比较曲线 1 和曲线 2 可以看出，人工接地沟并不能改善地面上的电位分布。相反，地面上的跨步系数还有增加，这是由于置换材料的电阻率 ρ_1 很小，将电流引上地面而又在 ρ_1 和 ρ_2 交界处急剧向下流散的缘故。当 ρ_1 十分小时，相当于将扁钢接地体的截面增加到置换面积，因而在置换范围内地面上的电位就是接地体的电位。而曲线 2，由于扁钢接地体埋深为 $0.5d_1$，在其上方地面的电位就不是接地体的电位，在本例中，只有接地体电位的 54% 左右。

由此可见，在高电阻率地区，如果不是为了减小接地电阻，仅是为了均压的要求，是不适宜采用人工接地沟的。

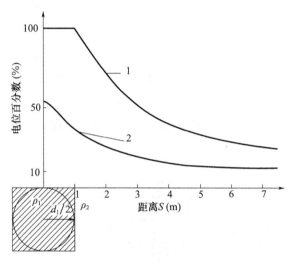

图 2.24　地面电位分布曲线

1—人工接地沟地面电位分布曲线；2—置换前的电位分布曲线

图 2.25 中的 $R=f(l)$ 曲线，是埋深为 1 m，置换材料为硫铁矿渣粉的人工接地沟，当水平接地体长度为 1.5、3 m 和 6 m 时，接地电阻和接地体长度的试验结果。当长度从 1.5 m 增加到 3 m，即长度增加一倍，接地电阻减小 38%，当长度增加到 6 m，即长度增加 3 倍，接地电阻仅减小 48%。可见，置换材料并没有得到充分利用。因此，最好将一条长的人工接地沟，改成数条短的人工接地沟并联使用。

图 2.25 中的 $R=f(h)$ 曲线，是用长度为 1.5 m，置换材料仍为硫铁矿渣粉，但埋深为 0.6 m、1 m 和 2 m 时，接地电阻和埋深的试验结果。当埋深从 0.6 m 增加到 2 m 时，接地电阻仅下降 22.4%。因此，人工接地沟的沟深也不宜过大。

由于上述原因，并考虑到施工的方便，建议人工接地沟的上部宽度 B_1 为 1.6 m，下部宽度 B_2 为 0.8 m，沟深 H 为 1.1～1.3 m，接地体埋深 h 为 0.6～0.8 m，计算直径或置换直径 d_1 为 1 m。人工接地沟的形状如图 2.26 所示。

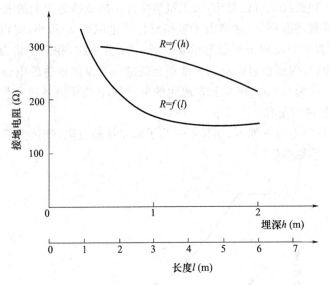

图 2.25　人工接地沟接地电阻和接地体长度、埋深的关系

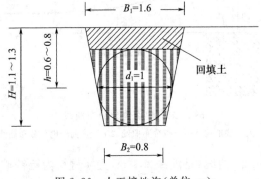

图 2.26　人工接地沟(单位:m)

2.4.5　施工方法

(1)置换材料必须磨碎,最好过筛,避免使用成块的废渣或直接填入晶状食盐。

例如:某水电厂采用氧化锌细炉渣的人工接地坑,接地电阻减小了 2.6 倍,同样用氧化锌但为成块炉渣,接地电阻只减小了 1.8 倍。

(2)置换材料应保持 25%～30% 湿度。湿度过大,不易打紧,导电物质易于流失;湿度过小,可溶物不易溶解,也不易打紧。

(3)人工接地坑(沟)开挖好后,在填入置换材料之前,应保持坑壁潮湿,或适当喷水,使置换材料能与坑壁紧密接触。

（4）置换材料应分数次填入人工接地坑（沟）中，每填一层，应加水捣紧一层，使置换材料及其与坑壁。接地体表面紧密接触。

（5）为了防止置换材料可溶物流失，以及减小季节性对置换材料电阻率的影响，在置换材料的上方可填置一层低电阻率的黏土。

（6）地的温度对电阻率影响极大，最好不要在零度以下施工。由于地的冻结现象，会影响置换材料的松散度及与坑壁的结合。

（7）接地体一般不要求镀锌或锌铅，但应适当增大直径或截面积。

（8）要充分注意上述前四项的施工，这是减小置换材料电阻率和消除接触电阻的关键。

2.5　水下接地网的接地电阻

我国一些发电厂利用所在地区的水源来敷设水下接地网，取得了比较显著的减小接地电阻的效果。据调查，大多数达到 0.5 Ω 的水电厂，都是用敷设水下接地网作为减小接地电阻的主要方法。表 2.9 列出一些采用过的数据和比较齐全的水下接地网的实例作为参考[7]。

表 2.9　水下接地网的实例*

接地网的构造	水源及敷设状况	测量值	
		水电阻率（Ω·m）	接地电阻（Ω）
$A=528$ m^2，$r=13$ m，$l=212$ m，$G=641$ kg（全部为水平接地体）	敷设在施工后堵死的导流洞中	58	1.02
$A=19200$ m^2，$r=78$ m，$l=1440$ m（用 39 条 80 m 长的水平接地体，间距约 30 m）	敷设在宽阔的尾水渠中	30～50	0.14
$A=3600$ m^2，$r=338$ m，$l=1500$ m，$G=2600$ kg（其中，垂直接地体 96 根，每根长 2.5 m）	敷设在水库中水深约 15 m	≈100	0.4～0.5
$A=8385$ m^2，$r=51.6$ m，$l=1964$ m，$G=5572$ kg（其中，垂直接地体 196 根，每根长 2～3 m）	敷设在水库淹没区的泥沙土中	≈200	0.46

* 表中，A——接地网面积（m^2）

$\quad$ r——接地网面积的等值半径（m）

$\quad$ $\sum l$——全部接地体总长度（m）

$\quad$ G——接地体钢材总重（kg）

2.5.1　水下接地网的特点

(1)施工比较简便

除了不得已敷设在水流急湍的河床上,需要打入钢管固定外,通常都不需要专门锚固。只要将扁钢或圆钢焊成外缘闭合的矩形网,沉浸在水库或其他水源的底层就可以了。

(2)接地电阻比较稳定

只要水不结冰,水电阻率随水温变化的幅度不大。特别是敷设在水库底层的接地网,受季节性的影响更小。

(3)运行可靠

除水源含有强烈的腐蚀性物质和敷设在水流急湍处的接地网外,据现有运行资料,还很少发现水下接地网由于锈蚀而脱落或断裂的现象。

(4)接触电阻可以完全消除

2.5.2　接地电阻计算式

以往计算水下接地网(图 2.27)的接地电阻是用式 $R=0.5\dfrac{\rho_{水}}{\sqrt{A}}$ 来估算的,但该式存在一些问题。公式只反映了接地电阻 R 和水电阻率 $\rho_{水}$ 以及接地网面积 A 的关系,没有反映水深 h 和河床电阻率 $\rho_{河床}$ 对 R 的影响。因此,其计算结果与实际情况不完全符合。

最近在编写《水电厂机电设计手册(过电压保护和接地篇)》时,武汉水利电力学院对此作了模拟试验和理论计算。通过试验和计算,明确了 h 及 $\rho_{河床}$ 对 R 的实际影响,并且也完全证明了我们在前面叙述的有关接地网的基本概念。例如:接地体的直径 d、网孔个数 N、水深 h 以及水电阻率 $\rho_{水}$ 和河床电阻率 $\rho_{河床}$ 不变时,接地电阻和接地网面积 A 的平方根成反比;d、h、A 及 $\rho_{水}$ 和 $\rho_{河床}$ 不变时,网孔个数 N 超过

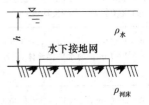

图 2.27　参考计算图

16 后,接地电阻减小得很慢(以 $A=100\text{ m}\times100\text{ m}$ 为例,N 由 16 个增加到 100 个时,接地电阻最多减小 10%);接地体直径的大小对接地电阻影响很小(以 $A=50\text{ m}\times50\text{ m}$ 为例,$N=25$ 个,h 相同,d 由 8 mm 变化到 20 mm 的接地电阻基本相同)。

特别有趣的是,在做模拟试验时,我们用卵石和岩石分别模拟河床的地质状况,并根据某些电厂的测量资料和地球物理资料,提出河床系卵石时,含水卵石层的电阻率与河水电阻率之比约为 4:1;河床系岩石时,含水基岩的电阻率与河水电阻率之比约为 6:1 的估计。根据模型试验的结果,在测量出 R 和 $\rho_{水}$ 后,用计算机反算出 $\rho_{河床}$,其与

河水电阻率之比分别为 3.3∶1 和 5.1∶1,与我们的估计基本符合,证明了模拟试验和理论计算的可靠。

既然河水电阻率和河床电阻率具有一定的比例关系,因而可使水下接地网的计算大大简化。因为当 $\rho_水$ 和 $\rho_{河床}$ 按比例变化时,水下接地网的电场形状不变,根据试验,在 $\rho_{河床}$ 及 $\rho_水$ 一定的情况下,在不同的水深和不同的接地网面积 A 时,h 及 A 对接地电阻的影响,可以用计算系数 K 表达。将求得的计算系数 K 乘以 $0.025\rho_水$ 即可得出水下接地网的接地电阻 R。即

$$R = K \times 0.025\rho_水（单位:\Omega）$$

2.5.3　敷设水下接地网的水源

选择敷设水下接地网的水源时,第一,要因地制宜,选择便于施工、水量丰富、水域宽阔、水深较大、流动缓慢的场所。第二,水电阻率应以现场或取样的测量值为依据,并注意水电阻率的温度修正。第三,水下接地网距接地对象的距离一般不宜大于 1000 m[8]。

可供敷设水下接地网的水源有:水库、湖泊、水量丰富的江河、较大的池塘、土质地层的山溪、泉水涌出处,以及水电厂下游较为宽阔的尾水渠、施工后遗留下来的导流洞、上游围堰、水库淹没区的稻田、旱土、堆积层阶地等处。

根据运行经验,在挡水墙上或水流急湍处敷设水下接地网的效果较差,且不可靠。例如,湖南省某水电厂在厂房挡水墙上敷设水下接地网,用了 520 kg 钢材,接地电阻测量值为 6.95 Ω,并且因泄洪将其完全冲刷脱落。但在导流洞的死水中用了 641 kg 钢材,接地电阻测量值为 1.02 Ω,经多年运行,接地电阻稳定。

水下接地网的位置应当距可资利用的自然接地体有足够的距离,以便充分利用它们各自减小接地电阻的作用。例如:在水电厂大坝进水口或拱坝面上敷设水下接地网是不适宜的。如前所述,由于互电阻的影响,两者总的接地电阻会大于它们的并联值。

两线一地制的接地,一般不允许采用水下接地网,特别是不允许在池塘、小型水库以及河流等处埋设接地,以免水中电场危及人体和牲畜的安全。

2.5.4　水下接地网的构造和施工

(1)水下接地网可用 20 mm×4 mm 的扁钢或直径为 10 mm 的圆钢焊成外缘闭合的矩形网;网内用纵横连接带构成的网孔个数,一般不宜大于 32 个。

(2)在水域宽阔处,首先应尽可能地加大占用水域的面积,其次才视水源的地形情况,向长度方向发展。

(3)为了固定动水中的水下接地网,可在河床上打入少量的插筋锚固,也可以用大石压置。

(4)水下接地网与岸上接地网的连接处,应设置接地测量井,以便能够单独测量它

们的接地电阻;两者间的接地连接带应为不少于 2 根 40 mm×4 mm 的扁钢,连接带间距离尽可能大一些;连接带埋深不应小于 0.8 m;暴露在空气中的连接带应作防锈处理,如涂沥青等。

(5)水下接地网的敷设,应与水工建筑物的施工紧密配合。这是因为,常常由于敷设水下接地网干扰主体工程的施工,以致使敷设水下接地网草率从事,或者完全遗漏,而当水工建筑物建成蓄水后,再行敷设水下接地网就相当困难。

(6)在已蓄水的水库或湖泊以及水量丰富的江河敷设水下接地网时,可用 GJ-50 的钢绞线做成矩形网,用机动船逆水而上拖到预定位置,用大石沉下。

2.6　深埋接地体的接地电阻

在受到地形、地势的限制,不能用增加接地网的面积来减小接地电阻时,采用深埋接地体来减小接地电阻,其效果也是比较显著的。表 2.10 列出了一些采用过的数据和比较齐全的深埋接地体的实例以供参考[9]。

表 2.10　深埋接地体的实例

序号	1*	2*	3**	4***	5****	6****	7	8
名称	山东某变电所	山东某变电所	河北某变电所	四川某变电所	西北某钻探井	西北某钻探井	自流井	自流井
地层状况	砂质黏土	砂质黏土	砂卵石以卵石为主	岩石	山地岩层,砂冻土	山岩,矿,砂	黏土	砂子和石灰石
地下水位(m)	−5.3	−3	−7					
接地体直径	16 mm 圆钢	16 mm 圆钢	47 mm 圆钢	钻孔直径 150,50 mm 圆钢	17.8 mm 圆钢	17.8 mm 圆钢		
接地体入地深度/接地电阻(Ω)	2.5/12 8/3.2 10/1.7 12/1.7 12.5/1.5 14.5/1.4 15.5/1.3 21/1.2	2.5/13.2 12/ 2.1~2.6 17/1.79 19/1.6 20/1.6 21/1.42	2/920 4/485 6/320 8/60 12/30 14/27 16/24 18/21	50.6/ 100~27	330/2.2	340/0.67	130/0.165	4.5/0.815

*　注水冲压法。

**　管子每节长 2 m,用 12 磅大锤打下,打下后再焊一节。

***　1000 Ω 系施工后测量值,27 Ω 系引水系统放水后地下水位升高的测量值。

****　永久冻土厚度 200 m。

2.6.1　深埋接地体的特点

（1）不受接地网敷设范围的限制

只要是地电阻率随地层深度的增加而减小较快的地方，都可以采用深埋接地体。

（2）接地电阻比较稳定

在亚洲地区，地层深度每增加 40 m 左右，地温增加 1 ℃，平均约 33 m 增加 1 ℃，但受地表季节变化的影响很小。因此，地层深处的电阻率比较稳定。

（3）通常无接触电阻的影响

由于深埋接地体需要采用专门的施工方法，一般情况下都可以将接触电阻消除（当采用钻机钻孔的施工方法时，在插入接地体后，可充填低电阻率的泥浆等物质，以消除接触电阻）。

（4）节省材料和资金

以在砂质黏土地层采用注水冲压法施工的深埋接地体为例，在电阻值相同的情况下，与浅埋接地体相比材料消耗约为后者的 1/6，投资约为后者的 1/10。

（5）安全可靠

除在深埋接地体附近对接触电势需要采取措施外，一般无须考虑深埋接地体附近地面上的跨步电势对人体和牲畜的伤害（浅埋的接地连接带除外）。因此，深埋接地体特别适合用于两线一地制的接地。

2.6.2　接地电阻计算式

深埋接地体的接地电阻随深度而减小的规律，往往有一个突变段，这是由于达到一定深度后，地电阻率突然减小的缘故。在这个突变段的前与后，接地电阻主要决定于接地体的长度。因此，可以近似认为地具有典型的两层结构（图 2.28），故深埋接地体的接地电阻可用下式估算：

$$R = \frac{\rho_1}{2\pi} \frac{\ln \dfrac{4l}{d}}{h + \dfrac{\rho_1}{\rho_2}(l-h)} \tag{2.65}$$

或

$$R = \frac{\rho_a}{2\pi l} \ln \frac{4l}{d} \tag{2.66}$$

$$[\rho_a] = \frac{\rho_1 \rho_2}{\dfrac{h}{l}(\rho_2 - \rho_1) + \rho_1} \tag{2.67}$$

式中　h——电阻率的地层深度（m）；

　　l——深埋接地体的长度(m);

　　d——深埋接地体的直径(m);

　　ρ_1——第一层地电阻率($\Omega \cdot$ m);

　　ρ_2——最下层地电阻率($\Omega \cdot$ m);

　　$[\rho_a]$——等值电阻率($\Omega \cdot$ m)。

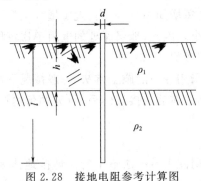

图 2.28　接地电阻参考计算图

2.6.3　埋设地点的选择

　　(1)充分利用建设工程在地质勘测阶段,遗留下来的地质钻孔[10]。为了避免经过长时间后,在接地施工时发生钻孔阻塞,应将钻孔妥善保护。最好是在取得地质资料后,即将接地体插入,并引出接地线,做好标志,然后将钻孔封闭。

　　(2)在一般地区,可用等极距四极法测出地电阻率随深度而变化的曲线,即用电测深法选出若干条视电阻率的下降曲线,在地面作好测线方向标志;再用对称电剖面法沿上述测线方向找出地层深处电阻率最小的地面位置,选定若干个深埋接地点,进行比较。这些深埋接地点除地层深处电阻率是较小者外,还应当是地电阻率随深度增加而减小较快者(视电阻率曲线常数 b 值较小),即高电阻率的地面覆盖层的厚度不大,或地下水位较高的地方。

　　如果能估计出地下水位的标高,可使上述勘测程序大大简化。

　　(3)在岩石地区选择深埋接地点时,应在地质和物探人员的协助下,仔细勘测和分析地下水的位置和深度,特别是选择那些在水库蓄水后及引水系统放水后,使地下水位升高的地方。例如:四川省某水电厂一个直径为 150 mm、深 50.6 m 的钻孔,插入直径 50 mm 钢管,施工后测量的接地电阻为 100 Ω,当引水系统放水后,因地下水位升高,水从钻孔冒出,测量的接地电阻为 27 Ω,两者之比为 3.7∶1。

　　(4)在接地范围附近的地区,如发现有金属矿体,可将深埋接地体插入矿体上,利用矿体来延长和扩大接地的范围。有资料说明,在电阻率为 5000 $\Omega \cdot$ m 的多年冻土中,一个规模 600 m×100 m×0.8 m 的矿,接地电阻为 1.5 Ω。

(5)在多年冻土地区,深埋接地体可选择在融区处。

(6)当地面层的电阻率较高,一般浅埋的水平接地网主要是起均压的作用。因此,深埋接地体可以放在均压网内。

2.6.4　施工方法

(1)在一般砂砾地层,采用人工或机械打入时,如无硬质冲头,第一节钢管可用无缝钢管代替,管头打扁或切割成尖形。钢管每节长 2～3 m,打下一节测量一次接地电阻,再焊再打。将接地电阻和打下深度画成曲线,由接地电阻减小的突变段,判明地下水的标高,以便确定最终的打入深度[11]。

钢管直径视地质状况而异,一般直径为 50 mm。

(2)在一般砂质黏土地层,可用注水冲压法。在接地点挖一圆坑(图 2.29),顶端直径约 0.3～0.4 m,底部直径约 0.2～0.3 m,坑深约 0.3～0.4 m。坑内注满水,冲压时必须保持不涸,方能供足泥浆的水分,避免冲出的深洞塌方堵塞。将焊有冲头(图 2.30)的第一节圆钢插入坑中,用人力向下冲压,冲压不下时,立即将圆钢上拔 0.3～

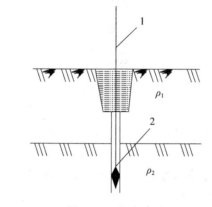

图 2.29　注水冲压

1——圆钢;2——冲头

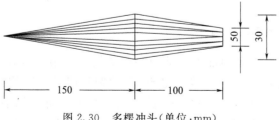

图 2.30　多楞冲头(单位:mm)

0.5 m,随即又向下冲压,如此"冲压—上拔—冲压"。第一节圆钢冲压完毕,再将焊有冲头的第二节圆钢焊上,继续作业。如在冲压过程中需要停工,必须将冲头入地内的冲头上拔 0.3~0.5 m,方可暂停作业,以免冲头黏住不能上拔,影响继续向下冲压。

　　为了便于多人操作,可用钢管或木棒与圆钢绑扎,扎点应便于调节高度,圆钢上部需用固定的钢圈套入,以便导向。

　　注水冲压的深埋接地体,一般用 14~16 mm 的圆钢 2~3 节,每节长 5~6 m。

　　(3)在岩石地层,可用 100~300 型钻机打孔,插入壁厚不小于 3.5 mm 的钢管或直径不小于 12 mm 的圆钢。接地体和钻孔间的空隙,可用泥浆或水泥砂浆充填(也可混合以细铁屑等金属废料),以便增大接地体的有效直径和消除接触电阻(图 2.31)。

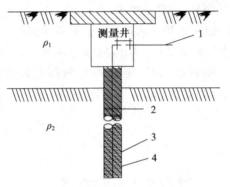

图 2.31　钻孔接地
1—测量井;2—引接线;3—充填物质;4—接地体

　　如地表风化层较厚,可能在钻孔时需要下入一定深度的套管。这些套管也应作为接地的一部分和深埋接地体一道用 40 mm×4 mm 扁钢引出。如钻孔接地暂不使用,可在测量接地电阻后,用混凝土盖板将孔口封闭,但应作好标志,以便将来使用时易于寻找。钻孔引出的扁钢,需作防锈处理。

2.7　自然接地体的接地电阻

2.7.1　自然接地体的利用

　　在接地工程中,充分利用混凝土结构物中的钢筋骨架、金属结构物,以及上下水金属管道等自然接地体,是减小接地电阻,节约钢材以及达到均衡电位接地的有效措施。例如:安徽省某水电厂,在厂房施工过程中,电工班与钢筋班协同工作,按接地设计要求,从厂房水下部分到厂房屋顶面板,对若干选定的钢筋网格交叉点和钢筋接头进行电焊,用 12 mm 及以上的钢筋作为接地干线连通全厂,因而取消了过去要专门敷设的接地带,节约钢材 1~2 t。竣工后连同水库水下接地网的接地电阻测量值为 0.7~0.9 Ω。

为了充分利用自然接地体,将其注意要点列举如下:

(1) 除开可燃液体、可燃或爆炸性气体的金属管道外,混凝土结构物中的钢筋骨架、金属结构物、上下水金属管道均可作为自然接地体使用。

利用埋入地下或水中混凝土的钢筋骨架或金属结构物接地,主要是起减小接地电阻的作用;利用地上或水上混凝土的钢筋或金属结构物接地,主要是起引流、分流、均压以及代替过去要专门敷设的接地带的作用。

(2) 潮湿和干燥状态的混凝土其电阻率的差别极大。据湖南省某水电厂的试验,两者之比可达 1:100 以上。

受水或潮湿土壤浸渍的混凝土,由于毛细管作用而吸收水分,工业建筑物混凝土水的渗透深度通常在 0.1~1.0 m 范围内。因此,一般混凝土保护层内的钢筋,都可以起到散流的作用,其电阻率十分接近于水或土壤的电阻率。表 2.11 列出有几种常用的在潮湿状态下的混凝土电阻率。

(3) 据试验,用 0.9 mm 的铁丝绑扎的钢筋接头,对引泄雷电流的效果没有影响。当雷电流通过时,还可能在钢筋接头的绑扎处引起点焊现象。对于工频电流,经过实际测量证明,利用一般绑扎连接的钢筋基础作为接地体,也能达到较好的效果。但对于重要的场所,例如高层建筑物上的避雷针,利用钢筋作为接地引下线,利用钢筋作为设备接地的连接干线,利用钢筋连接引外接地体等处,宜于选择一些主筋采用电焊连接。

表 2.11　混凝土电阻率

种类	配合比及其他	电阻率(Ω·m)
普通混凝土		90~110
轻质混凝土		150~180
含磁铁矿砂灰浆	容积比:水泥 1.6,水 3.5,磁铁矿砂 4.9	30~40
标准混凝土		50~80
加水量 140 L/m³ 的混凝土	在水中 200 d 后	50~70
	空气中 200 d 后	230~470

(4) 钢筋流过大电流,因发热而温度升高,能使水泥和钢筋的结合力显著减小。钢筋温度达到 350~400 ℃,结合力将全部破坏,并使混凝土保护层产生横向和纵向裂纹。因此,钢筋的温度不应大于 100 ℃。

例如:接地短路电流 15 kA,短路时间 0.7 s,钢筋温升 60 ℃,钢筋截面不应小于

$350~\text{mm}^2$;当短路时间 $1~\text{s}$,截面应增加 20%。在其他情况下,可按下式计算:

$$A \geqslant I_K \sqrt{\frac{\rho K_1 K_2 t}{Cr \Delta T}} \qquad (2.68)$$

式中　A——钢筋总面积(mm^2);

　　　I_K——接地短路电流(kA)

　　　t——短路时间(s);

　　　ρ——钢筋 20 ℃电阻系数($0.145~\Omega \cdot \text{mm/m}$);

　　　C——钢筋比热($0.5~\text{W} \cdot \text{s/g} \cdot ℃$);

　　　r——钢筋比重($7.85~\text{g/cm}$);

　　　ΔT——温升(小于或等于 60 ℃);

　　　K_1——集肤效应系数(1.05);

　　　K_2——钢电阻温度系数(温度 100 ℃和 20 ℃比较,钢的电阻增加 1.22 倍)。

　　雷电流流过钢筋时,由于时间极短,能量很小,因而钢筋的发热量不显著。例如,雷电流为 200 kA,时间为 40 μs,钢筋为 12 根 6 mm 圆钢,温升仅 0.6 ℃左右;当温升 60～80 ℃,钢筋允许的最小截面为 2～4 mm^2。

　　大电流流过预应力的钢筋,温度每增高 10 ℃,预应力会降低 $250~\text{kg/cm}^2$ 左右,但钢筋冷却后,预应力随即恢复。通常预应力钢筋不允许电焊,只能采用铁丝绑扎连接,接触电阻可能较大。因此,利用预应力钢筋混凝土构件连接时,除进行强度和形变验算外,在施工中要注意将钢筋接头以及钢筋与接地螺母等绑扎牢靠,以便消除接触电阻。

　　(5)为了避免雷电流流过混凝土时产生火花放电而将混凝土击碎,应验算钢筋与混凝土接触面的电流密度。根据模型试验结果,潮湿状态的混凝土,电流密度的极限值为 4.2～15.7 A/cm^2,平均为 8.2 A/cm^2;干燥时为 0.029～0.048 A/cm^2,平均为 0.039 A/cm^2。

　　试验中还发现,雷电流流过混凝土时,无累积的破坏效应。

　　(6)钢筋混凝土结构物有伸缩缝或沉陷缝时,为了将两处切断的钢筋连成通路,应用 40 mm×4 mm 的扁钢弯成 U 型与两处钢筋头焊接,并涂以沥青防锈。

　　(7)钢筋混凝土结构物基础的周围,凡因防渗、防漏处理而使用沥青隔离,或因结构需要,其基础并非直接与土壤接触,而是充填砂石且无其他并联的分流电路时,不宜用作以减小接地电阻为目的的接地体来使用,以免电流强行流过时将混凝土击穿。

　　(8)在自然接地体的范围内,一般不宜敷设以减小接地电阻为目的的人工接地体,应将人工接地体放在自然接地体的范围之外,或沿四周敷设,用以增加整个接地面积。上述两接地体的连接处,如有条件时,可设置接地测量井,以便能够分开进行单独的测量。

　　(9)凡因自然接地体能够将接地电位转移到远方,或引入零电位且有危险时,在接地范围的边缘附近,应采取绝缘隔离措施。

2.7.2　接地电阻计算式

(1)水电厂主厂房水下钢筋混凝土

将厂房水下部分近似看成是一块平放在受水浸渍岩石上的平板,岩石电阻率为水电阻率的 6 倍,故其自然接地电阻可按下式估算

$$R = \frac{3\rho}{\sqrt{A}} (单位:\Omega) \tag{2.69}$$

式中　ρ——水电阻率($\Omega \cdot$m);

　　　A——厂房水下部分建筑面积(以水轮机高程计,包括:水轮机层平面的面积、附属建筑平面面积、下游侧尾水管到尾水渠间的平面面积等,单位:m^2)。

(2)水电厂地下压力钢管或钢筋混凝土管

$$R = \frac{\rho}{2\pi l}\left(\ln\frac{4l}{d} + \ln\frac{l}{2h} - 2 + \frac{2h}{l}\right)(单位:\Omega) \tag{2.70}$$

式中　ρ——钢管埋深处的岩石电阻率($\Omega \cdot$m);

　　　h——钢管平均埋深(m);

　　　d——钢管直径(m);

　　　l——钢管长度(m)。

(3)钢筋混凝土或钢板衬砌的竖井

当接地体的直径 d 和长度 l 相比不能忽略时,接地电阻可按下式估算:

$$R = \frac{\rho}{2\pi l}\ln\frac{\sqrt{4l^2 + d^2} + 2l}{d}(单位:\Omega) \tag{2.71}$$

式中　ρ——竖井四周岩石电阻率($\Omega \cdot$m);

　　　d——竖井直径(m);

　　　l——竖井长度(m)。

(4)钢筋混凝土或用钢板衬砌的地下式厂房

将地下式厂房的体积等值为圆球时,接地电阻可按下式估算:

$$R = \frac{\rho}{2\pi l}\left(1 + \frac{d}{4h}\right)(单位:\Omega) \tag{2.72}$$

式中　ρ——地下厂房四周岩石电阻率($\Omega \cdot$m);

　　　h——地下厂房中心距地面距离 $h \geqslant \dfrac{d}{4}$(单位:m);

　　　d——地下厂房体积的等值圆球直径 $d = \sqrt[3]{\dfrac{6A}{\pi}}$(单位:m);

　　　A——地下厂房体积(m^3)。

(5)架空输电线路"地线—杆塔"接地系统

有地线的杆塔数 $n \geqslant 20$ 个：

$$\dot{Z} = \sqrt{R'\dot{Z}_{d_0}\frac{1}{3}}\,(单位：\Omega) \tag{2.73}$$

$$R = \sqrt{R'r'}\,(单位：\Omega) \tag{2.74}$$

有地线的杆塔数 $n < 20$ 个：

$$\dot{Z} = \sqrt{R'\dot{Z}_{d_0}\frac{1}{3}}\left(\mathrm{cth}\sqrt{\frac{\dot{Z}_{d_0}}{3R'}}n\right)(单位：\Omega) \tag{2.75}$$

$$R = \sqrt{R'r'}\left(\mathrm{cth}\sqrt{\frac{r'}{R'}}n\right)(单位：\Omega) \tag{2.76}$$

式中　$\dot{Z}$——交流接地阻抗(Ω)；

　　R——直流接地电阻(Ω)；

　　R'——杆塔平均接地电阻(Ω)；

　　r'——地线平均挡距电阻(Ω)；

　　$\dot{Z}_{d_0}$——地线平均挡距零序阻抗(Ω)。

此处应注意，在大接地短路电流系统中，如已计入"地线—杆塔"接地系统的分流系数来计算接地电阻允许值时，则不应再计入其自然接地电阻。

(6)埋于地下的金属自来水管和有金属外皮的电缆

长度较小时：

$$R = \sqrt{R'r'}\left[\mathrm{cth}\sqrt{\frac{r'}{R'}}l\right](单位：\Omega) \tag{2.77}$$

长度较大时：

$$R = \sqrt{R'r'}\,(单位：\Omega) \tag{2.78}$$

式中　r'——水管或电缆外皮每米的电阻(Ω/m)；

　　R'——水管或电缆外皮每米的接地电阻($\Omega\cdot\mathrm{m}$)；

　　l——水管或电缆的长度(m)。

(7)钢筋混凝土电杆的基础

$$R = \frac{K_1K_2\rho}{2\pi l}\ln\frac{4l}{d}(单位：\Omega) \tag{2.79}$$

式中　ρ——地电阻率($\Omega\cdot\mathrm{m}$)；

　　l——钢筋基础长度(m)；

d——钢筋骨架截面的等值直径(m);

K_1——混凝土保护层附加的电阻率系数1.1;

K_2——钢筋骨架并非连续的金属表面引入的修正系数1.05。

(8)架空输电线路杆塔的人工和自然接地电阻(表2.12)

表 2.12　各种型式接地装置的工频接地电阻简易计算式*

接地装置型式	杆塔型式	接地电阻简易计算式(Ω)
n根水平射线($n \leqslant 12$;每根长约60 m)	各型杆塔	$R \approx \dfrac{0.062\rho}{n+1.2}$
沿装配式基础周围敷设的深埋式接地体	铁塔 门型杆塔 带V型拉线的门型杆塔	$R \approx 0.07\rho$ $R \approx 0.04\rho$ $R \approx 0.045\rho$
装配式基础的自然接地体	铁塔 门型杆塔 带V型拉线的门型杆塔	$R \approx 0.1\rho$ $R \approx 0.06\rho$ $R \approx 0.09\rho$
钢筋混凝土杆的自然接地体	单杆 双杆 带拉线的单、双杆 一个拉线盘	$R \approx 0.3\rho$ $R \approx 0.2\rho$ $R \approx 0.1\rho$ $R \approx 0.28\rho$
深埋式接地与装配式基础自然接地的综合	铁塔 门型杆塔 带V型拉线的门型杆塔	$R \approx 0.05\rho$ $R \approx 0.03\rho$ $R \approx 0.04\rho$

* 表中 ρ 为土壤电阻率($\Omega \cdot m$)。

(9)水工建筑物的自然接地电阻实例(表2.13)

表 2.13　自然接地电阻实例

名称	自然接地电阻及电阻率		备注
	$R(\Omega)$	$\rho(\Omega \cdot m)$	
德聂泊彼德罗夫水电厂 伏尔加河斯大林格勒水电厂 克列门丘克水电厂 德聂泊捷尔任斯基水电厂	0.1 0.15~0.2 0.1 0.3~0.8	10~50 (河水电阻率)	苏联　主厂房钢筋混凝土 溢流坝、船闸等钢筋混凝土 厂房钢筋混凝土;花岗岩基础 钢筋混凝土块
格瑟格水电厂 杜墨特水电厂(地下式) 默里水电厂	1.24 1.95 8.3	10000 15000 8000	澳大利亚　厂房;压力钢管等 两条压力钢衬竖井;主厂房等 三条钢衬隧洞,总长388 m,直径4.2 m

续表

名称	自然接地电阻及电阻率		备注	
	$R(\Omega)$	$\rho(\Omega \cdot m)$		
黑部川水电厂（地下式）	5.9	5000	日本	尾水隧洞长 400 m,直径 4.2 m,埋深 50 m
花木桥水电厂	9～13	200 （水电阻率）	中国	主厂房水下钢筋混凝土;砂质页岩基础
毛尖山水电厂	9.3～13.01	470		主厂房水下钢筋混凝土;花岗岩基础
响洪甸水电厂	1.1	（水电阻率）		大坝冷却水管

参考文献

[1] 马尔高林·Нф. 地中电流[M].贺家李,译.上海:龙门联合书局,1954.

[2] 解广润.高压静电场[M].上海:上海科学技术出版社,1962.

[3] [苏]奥斯郎·А Б.几种复杂接地体的计算[J].电杂志,1958,(4).

[4] [苏]奥斯郎·А Б.矩形接地回路的计算[J].电杂志,1959,(7).

[5] [苏]奥斯郎·А Б.接地电阻与接地尺寸的关系[J].电杂志,1964,(1).

[6] 文阆成,等.高电阻率土壤中接地体特性试验[J].电力技术,1962,(9—10).

[7] 苏联房屋及建筑物雷电保护设计与装置的暂行规定,СН305-65.

[8] 电力设备过电压保护设计技术规程(试行)[M].北京:水利电力出版社,1976.

[9] 电力设备过电压保护设计技术规程(试行)修订说明[M].北京:水利电力出版社,1977.

[10] 发电厂变电所接地问题—接触电势的研究[J].武汉水利电力学院学报,1974,(1)

[11] 发电厂变电所接地问题—跨步电势的研究[J].武汉水利电力学院学报,1974,(2).

第 3 章　冲击接地电阻

3.1　冲击接地电阻的物理概念

冲击电流或雷电流通过接地体向大地散流时,不再是用工频接地电阻而是用冲击接地电阻来量度冲击接地的作用。

接地体对地冲击电压的幅值与冲击电流幅值之比,称为冲击接地电阻。如果取电压和电流瞬时值之比,则称为冲击接地电阻瞬时值或冲击阻抗。由上述冲击接地电阻的定义可以看出,冲击接地电阻是一个人为的概念,并无具体的物理意义,因为冲击电压幅值和电流幅值往往不是在同一个时间出现的(由于接地体的电感作用,冲击电压幅值出现在电流幅值之前)。把两个在不同时间发生的量之比定义为冲击接地电阻,在理论上有些牵强附会,但在工程上利用这个定义,可以方便地在已知冲击电流的幅值和冲击接地电阻的条件下,计算出冲击电流通过接地体散流时的冲击电压幅值。这样计算的电压幅值虽然常常比实际出现的电压幅值大一些,但却是偏于安全的一面。所以在接地工程中也就习惯用冲击接地电阻的大小,来量度冲击接地的作用。因此,我们也沿用这个定义[1]。

除此之外,还常常用冲击接地电阻和工频接地电阻的比值——冲击系数,来联系这两者机理差异极大的关系,以便当接地体的形状、地电阻率以及冲击电流的波形和幅值一定时,利用工频接地电阻值来估计冲击接地电阻的大小。

引入冲击系数的定义,对于简单集中接地体来说,还是比较实用的。因为在冲击电流的作用下,二个范围不大的接地装置上的电流密度分布,虽然比工频情况下的电流密度分布要不均匀得多,但全部接地体总还是在或多或少地参加冲击电流的泄散,仅仅是不均匀的程度有大有小而已。所以用冲击系数来比较冲击接地电阻和工频接地电阻的大小,还有一个共同的即接地体都在散流的基础。

但对于发电厂和变电所的接地网以及高电阻率地区线路杆塔采用的连续水平接地体等而言,再用冲击系数这个概念,就毫无意义了。因为它们的冲击接地电阻,除与地电阻率、介电系数的大小有关外,还与雷电流流入的地点有关,不像工频接地电阻那样,通常只决定于地电阻率的大小。

一个接地网的面积不论有多大（当然，其大小是对有限值而言），在工频情况下，总是可以把接地体的表面近似看成是等位面，故接地网的全部面积都能得到利用。但在冲击作用下，当地电阻率和介电系数一定时，接地网的冲击等值半径 r_{ch} 就是常数，而 r_{ch} 比接地网面积的等值半径要小得多。这就是说，在冲击情况下只利用了接地网很小一块面积，因而再用这一小块面积的冲击接地电阻与全部接地网面积的工频接地电阻之比来表征冲击系数，就毫无理论意义和实用价值了。

由此可见，过去用全厂工频接地电阻的大小，判断和规定防雷措施，是不正确的。衡量设施的防雷作用，只能采用冲击接地电阻值，即使是粗略的估算值，也比使用接地网的工频接地电阻值接近实际情况。

由于上述原因，除了简单集中接地体外，我们不采用冲击系数这个定义。

冲击电流通过接地体散流的情况比较复杂，它具有下列一些特性：

（1）由于冲击电流相当于高频电流的情形，因此，除接地体的电阻和电导外，接地体的电感和电容均对冲击阻抗发生作用。其作用的大小，决定于接地体的形状、冲击电流的波形、幅值以及地的电性参数 ρ 和 ε_r。

（2）当接地体表面的电流密度达到某一数值时，会产生火花放电现象，其结果相当于接地体的直径加大了一些。

（3）冲击电流在地中流动时，由于高频电流的集肤效应，不像直流电那样可以穿透无限深处的地层，也不像工频电流那样可以穿透地的有限深度，而是在距离地面不太深的范围内流动。

（4）地的两个电性参数 ρ 和 ε_r，特别是地电阻率，在高频的情况下，并非像工频那样还可以近似为常数，而是有很大程度地向减小的方向变化。

（5）接地体周围的电场强度达到某一数值时，电压和电流不再是直线关系，而是表现为非线性。

第一种特性对冲击接地可能不利（当 ρ 较小时），也可能有利（当 ρ 很大时）。

冲击电流通过接地体的最初瞬间，冲击阻抗与接地体的稳态或工频接地电阻无关。这时接地体上的波过程起主要作用，冲击阻抗等于波阻。当波往接地体深处运动时，在波电流上将附加着土壤的传导电流，这时接地体的冲击阻抗主要由接地体的电感和土壤的电导来决定的。这个过程称为"电感—电导"泄流过程。最后，当电流的变化率趋近于零，电感可以略去不计，冲击阻抗才表现出电阻的性质，趋近于稳态或工频接地电阻。

任何一个接地体，只要是在冲击电流或电压的作用下，均表现出波过程——"电感—电导"泄流过程电阻过程[2]。对于水平网状接地体和垂直集中接地体，无非是仅有各个过程时间长短的区别，但其物理本质都是一样的。

将冲击接地分为集中接地和水平接地，水平接地又区分为地电阻率小于 2000 Ω·m

和大于 2000 Ω·m 的两种情况,仅是根据接地工程实际情况的需要,而侧重于上述三个过程中的一个或两个来加以研究。例如:对于集中接地体,只考虑电阻过程;一般电阻率地区的水平接地体,只考虑"电感—电导"泄流过程;特高电阻率地区的水平接地体,还要考虑波过程。

曾对埋设在黄土中的一组垂直集中接地体(图 3.1),引入幅值为 2340 A 的衰减正弦振荡冲击电流(图 3.2),测出冲击接地电阻为 14.8 Ω,冲击阻抗随时间而变化的曲线示于图 3.1 中。

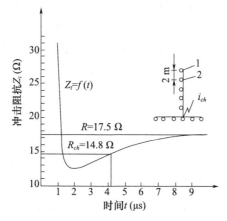

图 3.1　土壤地区垂直集中接地体的冲击阻抗
1—垂直接地体 10 mm 圆钢,长 1.5 m;2—水平接地体 10 mm 圆钢

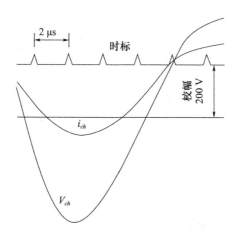

图 3.2　垂直集中接地体的冲击电流

由图可以看出,$t=0$ 之后,接地体的冲击阻抗由波阻很快减小到 13.3 Ω,再由 13.3 Ω 开始上升,以比较快的增长速度趋近于稳态或工频接地电阻 17.5 Ω。冲击电流和电

压基本上是同时过零且幅值同时出现,说明该垂直集中接地体的电感作用不大,冲击阻
抗主要决定于电阻分量。因此,对于一组垂直集中接地体,波过程和"电感—电导"泄流
过程的时间极短,并且稳态电阻小于波阻;由电压和电流幅值之比定义的冲击接地电阻
小于工频接地电阻。本例冲击系数为 0.85。

又曾对一个岩石地区的水电厂接地网[3],引入幅值为 780 A 的衰减正弦振荡冲
击电流(图 3.3),测出冲击接地电阻为 6.92 Ω,冲击阻抗随时间而变化的曲线示于
图 3.4 中。由于接地网的电感作用(由电压幅值出现在电流幅值之前可说明这点),
使"电感—电导"泄流过程的时间大大增加;虽然该地区的电阻率高达 2000 Ω·m,
但接地网的面积未得到全部利用,因此冲击接地电阻远大于工频接地电阻。由此可
以说明,在上述情况下,如果仍然用工频接地电阻值来衡量冲击接地的作用,是不正
确的。

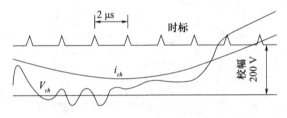

图 3.3　水平接地网的冲击电流

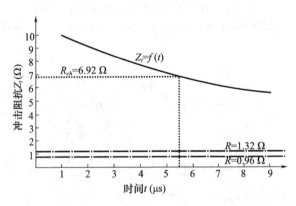

图 3.4　岩石地区水平接地网的冲击阻抗

当地电阻率比 2000 Ω·m 大得多时,传导电流较小而位移电流不能忽略,波过程
起着重要作用。图 3.5 是在地电阻率为 8000 Ω·m、长为 50 m 的水平接地体,从杆塔
顶测量得到的冲击阻抗随时间而变化的关系曲线。

由图 3.5 可知,在 $t=0$ 之后,表现为杆塔波阻 250 Ω;$t=0.5\ \mu s$,下降为 125 Ω;随
后上升到稳态值,趋近工频接地电阻 382 Ω。将图 3.5 与图 3.1 对比,情况恰恰相反。

现在,稳态电阻大于波阻了。在 $t=0$ 以后,由于有附加的位移电流,接地体的冲击阻抗下降到波阻数值以下,但经过一段时间,从接地体末端(它相当于开路)传来负反射电流波,冲击阻抗又急剧上升,最终趋向于稳态电阻值。

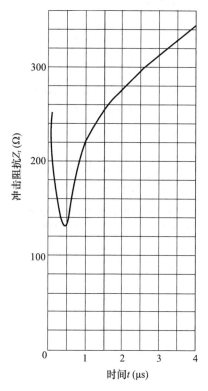

图 3.5　8000 Ω·m 地区水平接地体的冲击阻抗(直角波)

第二种特性对冲击接地是有利的。

根据现场试验,在一般高电阻率地区($\rho \geqslant 2000$ Ω·m),当电流密度 $\delta \geqslant 0.05$ A/cm² 时,就发生强烈的火花放电。在一般土壤地区($\leqslant 200$ Ω·m),电流密度 $\delta \geqslant 0.5$ A/cm² 时,就能观察到从电极开始沿地面爬行的火花。前者是对单个水平接地体,后者是对一组垂直集中接地体的试验得到的数据。

对于发电厂和变电所的接地网,过去认为在试验条件下,几千安培的冲击电流难于达到火花放电的效果,但对一个水电厂接地网的试验表明,当冲击电流幅值达到 3000~4000 A 时,冲击接地电阻就显著下降。图 3.6 是某水电厂冲击接地电阻依电流幅值增加而减小的关系曲线。图中曲线 1 是在该电厂变压器场 110 kV 避雷器接地处测量的。曲线 2 是在副厂房屋顶接地带处测量的。

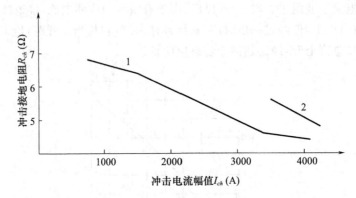

图 3.6　冲击接地电阻和冲击电流幅值关系曲线

按照 $E = \delta\rho$ 的关系,当电流密度一定时,电阻率 ρ 愈高,电场强度 E 就愈大,也就愈易产生火花放电现象。各种土壤击穿强度的参考值列于表 3.1 中。

表 3.1　土壤和水击穿强度的参考值

类别	电阻率($\Omega \cdot m$)	击穿强度(kV/cm)
黏土	2700	16
	1000	14.4
	250	8.4
	160	9.0
	140	10.4
	120	8.2
	70	7.4
腐殖土	550	7.2
	350	5.8
	1050	4.2
	90	9.2
	35	9.6
	22	4.6
砂土	45~3400	12.8~13.8
河水		12

第三种特性对冲击接地是不利的。

地电阻率各向同性时,表征交变电流对地的穿透深度或集肤深度 $H = 503.8\sqrt{p/f}$。例如:工频电流就比频率为 50 kHz 的冲击电流的穿透深度约大 32 倍。当地电阻率为 100~500 $\Omega \cdot m$ 时,作为一个近似估计,地中冲击电流大部分是在距离地面 20~50 m 范围内流散[4]。

第四和第五种特性对冲击接地是有利的,但目前对它们产生的机理还研究得很少。

3.2 波速、波阻和冲击接地电阻的估算方法

波沿地中接地体的传播速度,可由电磁场和电路的相似性得到。即波速为:

$$\bar{v}=\frac{1}{\sqrt{L'C'}}=\frac{1}{\sqrt{\varepsilon\mu}}(单位:\text{m/s}) \tag{3.1}$$

L'——接地体单位长度外电感(H/m);

C'——接地体单位长度电容(F/m);

ε——介电系数(F/m);

μ——导磁系数(H/m)。

大地的相对导磁系数,近似为1。故取:

$$\mu=\mu_0=4\pi\times10^{-7}(单位:\text{H/m})$$

$$\varepsilon=\varepsilon_r\frac{1}{4\pi\times9\times10^9}(单位:\text{F/m})$$

代入(3.1)式,得到波沿地中接地体的传播速度为:

$$\bar{v}=\frac{3\times10^8}{\sqrt{\varepsilon_r}}(单位:\text{m/s}) \tag{3.2}$$

式中 ε_r——地的相对介电系数。

在接地工程中,经常碰到的地的相对介电系数为 $4\sim9\sim15$。故由(3.2)式算出地中接地体的波速为 $150\sim100\sim77$ m/μs。约为光速 300 m/μs 的 $1/2\sim1/3\sim1/4$。

地中接地体的波阻 Z_0 可由(3.1)式改写得到:

$$Z_0=\sqrt{\frac{L'}{C'}}=\frac{\sqrt{\varepsilon\mu_0}}{C'}=\frac{L'}{\sqrt{\varepsilon\mu_0}}(单位:\Omega) \tag{3.3}$$

由(3.3)式,知道了单位长度的外电感或电容,就可以求出地中接地体的波阻。一根水平接地体单位长度的外电感为:

$$L'=2\times10^{-7}\left(\ln\frac{4l}{d}-1\right)(单位:\text{H/m}) \tag{3.4}$$

式中 l——接地体长度(m);

  d——接地体直径(m)。

通常 $L'\approx1.7$ μH/m。故由(3.3)式得到一根水平接地体的波阻为:

$$Z_0=\frac{3\times10^8}{\sqrt{\varepsilon_r}}1.7\times10^{-6}=\frac{510}{\sqrt{\varepsilon_r}}(单位:\Omega) \tag{3.5}$$

当 $\varepsilon_r=4\sim9\sim15$,$Z_0=130\sim170\sim255$ Ω,这和国内外的试验结果一致。

对于发电厂和变电所的接地网,由于有多条接地体并联,是一个比较复杂的多导体系统,因互感和部分电容的影响,冲击电流流入点的波阻,不等于它们各自波阻的并联

值,而是比并联值大。

　　早在 1957 年,我国在伸长接地体的合理长度与经济组合的试验中,得到多条水平接地体在 $t=0$ 之后的起始冲击阻抗即波阻为 55～100 Ω(表 3.2)[5]。

表 3.2　多条水平接地体的波阻

地电阻率(Ω·m)	水平接地体组合情况 ［根×长度(m)/根×长度(m)］	波阻 Z_0(Ω)
1200	2×60/2×40	63
1200	5×40	55
2000	4×100	100
2000	2×100/2×60/2×40	79
5000	1×100/1×60/1×40	82
5000	2×60/2×40	88

　　多条水平接地体的波阻,虽然比单根水平接地体的波阻接近于接地网的波阻,但还不等于是一个外缘闭合的水平接地网的波阻。但由于直接计算水平接地网的波阻比较困难,故可以利用圆盘接地体的波阻来近似得到。圆盘接地体沿径向方向电容的增量为:

$$C' = 4\varepsilon$$

用 C' 代入(3.3)式,得到圆盘接地体的波阻或水平接地网波阻的近似值为:

$$Z_0 = \frac{\sqrt{\varepsilon\mu_0}}{C'} = \frac{\sqrt{\varepsilon\mu_0}}{4\varepsilon} = \frac{1}{4\sqrt{\varepsilon_r}}\sqrt{\frac{\mu_0}{\varepsilon_0}} = \frac{377}{4\sqrt{\varepsilon_r}}(单位:\Omega) \tag{3.6}$$

当 $\varepsilon_r = 4～9～15$,水平接地网波阻的近似值为:24～31～47 Ω。对于水下接地网,$\varepsilon_r \approx 80$,故波阻约 10.5 Ω。知道水平接地网的波阻后,我们就可以用来估算冲击接地电阻。

　　大家知道,在工频时,接地电阻之所以和接地网面积的平方根成反比,是因为接地网上的电位比较均匀,全部接地体都在起着散流作用,接地网得到充分利用的缘故。但在冲击电流作用下,情况就不相同了。由于接地体的电感作用,接地网上的电位很不均匀,离开冲击电流引入点愈远的地方,接地体上的电位就愈低,甚至电位为零,其变化规律按指数曲线衰减,只有冲击电流引入点附近一小块接地网才起着散流作用,而且散流的程度与这一小块面积上的电位分布成正比。因此,冲击接地电阻与接地网面积的关系不像工频接地电阻那样紧密,计算也就复杂得多。

　　如果接地网上的冲击电位分布和工频的情况相似,那么,除开火花放电使接地电阻减小的因素外,就可以仿照工频接地电阻的计算方法来估算冲击接地电阻。下面我们就来讨论用假想的冲击电位分布代替原来的冲击电位分布,以便简化水平接地网冲击接地电阻的计算。

在直角波的作用下,与冲击电流引入点距离为 S 接地体的电压幅值 $V_{ch \cdot S}$ 和首端电流引入点的电压幅值 V_{ch} 之比为:

$$\frac{V_{ch \cdot S}}{V_{ch}} = \mathrm{e}^{\frac{-60xS}{\rho\sqrt{\varepsilon_r}}} \tag{3.7}$$

式中　S——距电流引入点的距离(m);

　　　ρ——地电阻率($\Omega \cdot \mathrm{m}$);

　　　ε_r——地的相对介电系数。

我们假定,接地网上各点的电压幅值是在同一个时间出现的。设冲击电流由接地网的中心引入,接地网面积的等值半径为 r,对(3.7)式取由零到的积分得到接地网沿半径方向各点的电压相对值之和为:

$$\sum \frac{V_{ch \cdot S}}{V_{ch}} = \int_0^r \mathrm{e}^{\frac{-60xS}{\rho\sqrt{\varepsilon_r}}} \mathrm{d}S = \frac{\rho\sqrt{\varepsilon_r}}{60\pi}\left(1 - \mathrm{e}^{\frac{-60xr}{\rho\sqrt{\varepsilon_r}}}\right) \tag{3.8}$$

(3.8)式即图 3.7 中斜线表示的面积。令(3.8)式等于冲击等值半径 r_{ch} 与

$$\left(\frac{V_{ch \cdot S}}{V_{ch}}\right)_{S=0} = \left(\mathrm{e}^{\frac{-60xS}{\rho\sqrt{\varepsilon_r}}}\right)_{S=0} = 1$$

的乘积(图 3.7 中横线表示的面积),得到冲击等值半径为:

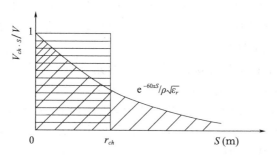

图 3.7　等值半径计算参用图

$$r_{ch} = \frac{\rho\sqrt{\varepsilon_r}}{60\pi}\left(1 - \mathrm{e}^{\frac{-60xr}{\rho\sqrt{\varepsilon_r}}}\right)（单位:m） \tag{3.9}$$

式中　r——接地网面积的等值半径,$r = \sqrt{\dfrac{A}{\pi}}$(单位:m)。其中 A——接地网面积(m^2)。

冲击等值半径的物理意义为:如果我们把接地网上各点 $V_{ch \cdot S}/V_{ch} < 1$ 的电压全部折合到 $(V_{ch \cdot S}/V_{ch})_{S=0} = 1$ 的电压时,在两个电压面积相等的条件下,就可以得到一个称为冲击等值半径的概念。在这个冲击等值半径范围内的接地网上,假想的电位分布处处相同,且电压相对值为 1,这就相当于是一个假想的集中接地体,因而也就和工频情况下的电位分布相似,并且可以用计算工频接地电阻的方法,但用冲击等值半径来估

算冲击接地电阻,这在逻辑上也符合我们关于冲击接地电阻的定义。

显然,冲击等值半径与接地网面积的等值半径之比

$$\frac{r_{ch}}{r}=\frac{\rho\sqrt{\varepsilon_r}}{60\sqrt{\pi A}}\left(1-e^{\frac{-60\sqrt{xA}}{\rho\sqrt{\varepsilon_r}}}\right) \tag{3.10}$$

表示在冲击情况下,接地网的利用程度。

用(3.9)式代入圆盘接地体的接地电阻计算式,得到水平接地网的冲击接地电阻为:

$$R_{ch}=\frac{\rho}{4r_{ch}}=\frac{Z_0}{2\left(1-e^{\frac{-60\sqrt{xA}}{\rho\sqrt{\varepsilon_r}}}\right)}\text{(单位:}\Omega\text{)} \tag{3.11}$$

式中　Z_0——接地网的波阻(Ω);

　　　ρ——地电阻率($\Omega\cdot m$);

　　　ε_r——地相对介电系数;

　　　A——接地网面积(m^2)。

当水平接地网的面积趋近于无限大时,在地电阻率小于或等于 2000 $\Omega\cdot m$ 的条件下[如电阻率大于 2000 $\Omega\cdot m$,就要考虑波动过程,不能用(3.11)式来估算 R_{ch}],冲击接地电阻为波阻的 1/2。当 $\varepsilon_r=4\sim9\sim15$ 时,$R_{ch}=12\sim16\sim24$ Ω,它的冲击等值半径($\rho=2000$ $\Omega\cdot m$)最多只有 $20\sim30\sim40$ m。即是说,超过这一范围的接地网,在估算冲击接地电阻时,都不起散流作用。

请予注意,上面的讨论和得到的结论,是在直角波的情况下进行和得到的。因而估算的冲击等值半径和冲击接地电阻过于严格。在防雷设计中,大多数情况下是用冲击电流波头时间 $3\sim6$ μs 的冲击接地电阻。因此,对上述结论应予修正。

根据在现场和模型上的试验结果可以得到,冲击电流波头时间 $3\sim6$ μs 的冲击电位衰减系数(即 $V_{ch}\cdot s/V_{ch}$)为:

当 $\tau_t=3$ μs 时,

$$\beta=V_{ch}\cdot s/V_{ch}=e^{\frac{-12\pi\delta}{\rho\sqrt{\varepsilon_r}}} \tag{3.12}$$

当 $\tau_t=6$ μs 时,

$$\beta=V_{ch}\cdot s/V_{ch}=e^{\frac{-6\pi\delta}{\rho\sqrt{\varepsilon_r}}} \tag{3.13}$$

故冲击等值半径和冲击接地电阻为:

当 $\tau_t=3$ μs 时,

$$r_{ch}=\frac{\rho\sqrt{\varepsilon_r}}{12\pi}\left(1-e^{\frac{-12\sqrt{xA}}{\rho\sqrt{\varepsilon_r}}}\right)\text{(单位:m)} \tag{3.14}$$

$$R_{ch}=\frac{Z_0}{10\left(1-e^{\frac{-12\sqrt{xA}}{\rho\sqrt{\varepsilon_r}}}\right)}\text{(单位:}\Omega\text{)} \tag{3.15}$$

当 $\tau_t = 6\ \mu s$ 时，

$$r_{ch} = \frac{\rho \sqrt{\varepsilon_r}}{6\pi} \left(1 - e^{\frac{-6\sqrt{xA}}{\rho\sqrt{\varepsilon_r}}} \right) \text{（单位：m）} \tag{3.16}$$

$$R_{ch} = \frac{Z_0}{20 \left(1 - e^{\frac{-6\sqrt{xA}}{\rho\sqrt{\varepsilon_r}}} \right)} \text{（单位：}\Omega\text{）} \tag{3.17}$$

由此，可以得出一个重要的结论：当冲击电流波头时间为 $3\sim6\ \mu s$ 时，发电厂和变电所接地网的面积不论有多大，冲击接地电阻最小的理论值为：

$$R_{ch\cdot min} = (0.05\sim0.1) Z_0 \text{（单位：}\Omega\text{）} \tag{3.18}$$

即 $R_{ch\cdot min}$ 为 Z_0 的 $1/10\sim1/20$。

当 $\varepsilon_r = 4\sim9\sim15$ 时，最大冲击等值半径（$\rho = 2000\ \Omega\cdot m$）和最小冲击接地电阻为：

当 $\tau_t = 3\ \mu s$ 时，

$$r_{ch\cdot max} = 100\sim150\sim200\ m$$
$$R_{ch\cdot min} = 2.4\sim3.1\sim4.7\ \Omega$$

当 $\tau_t = 6\ \mu s$ 时，

$$r_{ch\cdot max} = 200\sim300\sim400\ m$$
$$R_{ch\cdot min} = 1.2\sim1.6\sim2.4\ \Omega$$

当地具有一般电性参数（$\rho \leqslant 2000\ \Omega\cdot m, \varepsilon_r = 9$）时，冲击电流由接地网的中心引入，水平接地网的冲击等值半径和冲击接地电阻可按下列各式估算：

当 $\tau_t = 3\ \mu s$ 时，

$$r_{ch} = \frac{0.25\rho}{\pi} \left(1 - e^{\frac{-4\sqrt{xA}}{\rho}} \right) \text{（单位：m）} \tag{3.19}$$

$$R_{ch} = \frac{3.1}{\left(1 - e^{\frac{-4\sqrt{xA}}{\rho}} \right)} \text{（单位：}\Omega\text{）} \tag{3.20}$$

当 $\tau_t = 6\ \mu s$ 时，

$$r_{ch} = \frac{0.5\rho}{\pi} \left(1 - e^{\frac{-\sqrt{xA}}{\rho}} \right) \text{（单位：m）} \tag{3.21}$$

$$R_{ch} = \frac{1.6}{\left(1 - e^{\frac{-2\sqrt{xA}}{\rho}} \right)} \text{（单位：}\Omega\text{）} \tag{3.22}$$

式中　ρ——地电阻率（$\Omega\cdot m$）；

　　　A——接地网面积（m^2）。

如果冲击电流不是由接地网的中心引入，冲击接地电阻可按下式估算：

当 $\tau_t = 3\ \mu s$ 时，

$$R_{ch} = \frac{\rho}{4r_{ch}} \cdot \frac{\pi r_{ch}^2}{A_1} = \frac{\rho^2}{16A_1} \left(1 - e^{\frac{-4\sqrt{xA}}{\rho}} \right) \text{（单位：}\Omega\text{）} \tag{3.23}$$

当 $\tau_t = 6~\mu s$ 时，

$$R_{ch} = \frac{\rho}{4r_{ch}} \cdot \frac{\pi r_{ch}^2}{A_1} = \frac{\rho^2}{8A_1}\left(1 - e^{\frac{-2\sqrt{xA}}{\rho}}\right)(单位:\Omega) \tag{3.24}$$

式中　ρ——电阻率($\Omega \cdot m$)；

$\quad A$——接地网面积(m^2)；

$\quad A_1$——冲击等值半径范围内接地网的实际面积(m^2)。

用上述假定的冲击电位分布估算的冲击接地电阻,和国外用波头时间 3 μs、冲击电流幅值 40 kA 及以上作的模型试验结果(图 3.8)相比较,是相当符合的。为了便于查证,将比较结果列在表 3.3 中。

表 3.3　冲击接地电阻比较表 *

电阻率 ($\Omega \cdot m$)	冲击接地电阻 R_{ch} (Ω)								
	$A = 80~m \times 80~m$			$A = 40~m \times 40~m$			$A = 20~m \times 20~m$		
	估算值		试验值	估算值		试验值	估算值		试验值
	电流波头时间(μs)			电流波头时间(μs)			电流波头时间(μs)		
	6	3	3	6	3	3	6	3	3
200	2.1	3.3	2.7	3.2	4.1	3.0	5.4	6.1	5.0
300	2.6	3.7	3.3	4.2	5.1	4.0	7.6	8.3	6.8
400	3.2	4.1	3.9	5.3	6.1	4.9	9.8	10.4	8.2
500	3.7	4.6	4.4	6.5	7.1	5.7			

* 表中电流波头时间 3 μs 的 R_{ch} 估算值用(3.20)式;6 μs 的 R_{ch} 估算值用(3.22)式;试验值用图 3.8 中曲线查出。

由表 3.3 可以看出:用(3.20)式估算的冲击接地电阻比模型试验得出的冲击接地电阻要大一些,这是由于模型试验用了 40 kA 及以上的冲击电流,接地网局部发生火花放电使 R_{ch} 减小了的缘故。用(3.22)式估算的冲击接地电阻和模型试验的结果相接近,这是由于我们用的电流波头时间是 6 μs,当然比波头时间 3 μs 的冲击接地电阻要小些,因而部分抵偿了模型试验因火花放电使 R_{ch} 减小的因素。随着接地网面积的减小,火花放电愈加强烈,因而估算值和模型试验值的差别又增大一些;反之,接地网面积增大时,火花放电的作用相对减弱,故波头时间 6 μs 的 R_{ch} 估算值就比模型试验值小一些。

由于波在接地网上的传播需要时间,因此,接地网上各点电压幅值出现的时间是不相同的。但我们用(3.7)式以及(3.12)式和(3.13)式来估算冲击等值半径时,是没有考虑上述时间因素的。由现场雷击试验可以证明,由于上述时间因素引起的差别是不大的,例如对某高层建筑物用波形 6/60 μs 幅值 42 A 的冲击电流测量地面冲击电位分布的结果表明:接地网到零位参考点之间的一次测量幅值 V_{ch} 和分段测量累计幅值 $\sum \Delta V_{ch}$ 非常接近。在该建筑物的南面,V_{ch} 为 160 V,$\sum \Delta V_{ch}$ 为 157 V;在北面,V_{ch} 为 165 V,

$\Sigma \Delta V_{ch}$ 为 133 V；在东面，V_{ch} 为 58 V，$\Sigma \Delta V_{ch}$ 为 52 V。这个试验虽然指的是地面上的电位分布，而不是接地网上的电位分布，但仍然可以说明，在作冲击接地电阻近似计算时，采用接地网上各点电压幅值同时出现的假定，对结果影响不大，因而这个假定是允许的[6]。

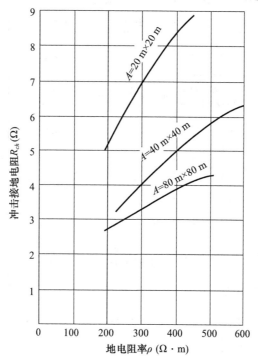

图 3.8　冲击接地电阻 R_{ch} 与地电阻率 ρ、接地网面积 A 的关系

（模型试验结果 $I_{ch} \geqslant 40$ kA，$\tau_r = 3$ μs）

对于集中接地体，由于可以使用冲击系数的概念，从而使冲击接地电阻的估算得到简化。在接地工程中，通常用作独立避雷针、线的典型接地装置的冲击接地电阻可按下式估算：

$$R_{ch} = \alpha R \tag{3.25}$$

式中　R——集中接地体的工频接地电阻（Ω）；

　　　α——冲击系数。

集中接地体的冲击系数，在许多设计手册中都列有计算值或试验值。作为一个近似的估计，集中接地体的冲击系数 α 和地电阻率 ρ 的关系为：

$\rho \leqslant 100$ $\Omega \cdot$ m，$\alpha \approx 1$；

$\rho = 100$ $\Omega \cdot$ m，$\alpha \approx 0.667$；

$\rho = 100$ $\Omega \cdot$ m，$\alpha \approx 0.5$；

$\rho > 100$ $\Omega \cdot$ m，$\alpha \approx 0.333$。

表 3.4 列有我国一些大型接地网的冲击接地电阻现场测量值作为参考。

表 3.4　冲击接地电阻测量值

接地装置特点	测量地点	冲击电流		冲击接地电阻（Ω）
		波形	幅值（A）	
岩石地区水电厂，接地网最大对角线长度 300 m	副厂房屋顶避雷带	正弦衰减振荡波	4300 3495	5.22 5.74
	110 kV 变压器场母线室屋顶避雷器接地端		4015 3370	4.78 4.88
	110 kV 开关站避雷针接地处		3611 3135	9.25 11.35
一般土石地区水电厂，接地网最大对角线长度 500 m	发电机壳	2.6 μs	224	7.05
	变压器壳	3.0 μs 2.8 μs	200 247	8.38 6.04
土壤地区高压试验室，接地网最大对角线长度 30 m	高压大厅接地网中心	1.1/54 μs 1.0/24 μs	51.1 56.2	6.52 6.53
坝后式大型水电厂，接地网最大对角线长度 750 m	变压器壳	0.5/85 μs	256	3.63
坝后式水电厂，接地网最大对角线长度 280 m	开关站 大坝顶	1.2/17 μs 2/60 μs	400 140	3 4.3

3.3　冲击电位分布

在独立避雷针附近和一些高层建筑物的进出口处，为了验算冲击跨步电势对人体的电击伤害，需要计算地面冲击电位分布。但由于受到接地体形状、地层电阻率和介电系数的分布以及雷电流波形和集肤效应等复杂因数的影响，要用解析的方法直接计算地面冲击电位的分布是比较困难的。因此常常用试验的方法，将测量的冲击电位分布和工频电位分布加以比较，以便得出冲击跨步电势的估算式[7]。

图 3.9 是用 20 mm×4 mm 的扁钢做成直径为 0.72 m 的圆环，埋深 0.6 m，分别用波形 1.5/30 μs 幅值 93 A 的冲击电流和 2 A 的工频电流测量的地面电位分布曲线。

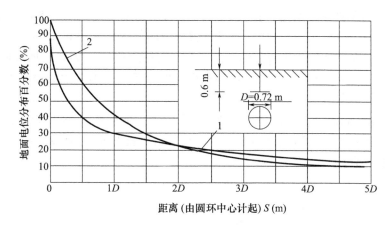

图 3.9　圆环接地体地面电位分布曲线

1—地面冲击电位分布曲线；2—地面工频电位分布曲线

比较图 3.9 中曲线 1 和 2 可以看出：到圆环中心的距离小于 0.5 倍圆环直径时，地面冲击电位的梯度比工频电位的梯度大；1D 以后，两根曲线的斜率和电位的百分数基本相同，例如：2D 处的地面电位约为圆环电位的 25%、3D 约 17%、4D 约 12%、5D 约 10%，基本上符合半球接地体的工频电位分布；在圆环接地体附近，正如我们所预料的一样，冲击跨步电势比工频跨步电势大，这是因为冲击电流通过接地体流入大地时，接地体附近的阻抗区，除有和工频电流相似的电阻分量外，由于磁场和集肤效应的作用，还包括了较为显著的与频率等有关的电阻和电感分量，故电位梯度较大；离开接地体愈远，由于电流通过的地层截面增大，后一分量所占的比例显著减小，因而地面冲击电位分布和工频的电位分布愈相似，这种相似性提供了用测量工频接地电阻的方法来测量冲击接地电阻的可能性。

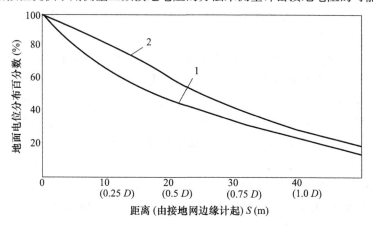

图 3.10　高层建筑物接地网外地面电位分布曲线

1—地面冲击电位分布曲线，2—地面工频电位分布曲线

　　图 3.10 是某高层建筑物采用波形 $6/60\ \mu s$ 幅值 42 A 的冲击电流,在建筑物的南面测量的地面冲击电位分布曲线。该建筑物接地网的等值直径约 40 m。从该图同样可以看出:距接地网边缘的距离约为接地网等值直径的 0.5 倍(或距接地网边缘的距离约 20 m)时,地面冲击电位梯度比工频的地面电位梯度大;当距离增大到 $1D$ 以后,两者的差别愈来愈小。

　　分析图 3.9 和图 3.10 的试验数据后,作为一个近似的估计,避雷针附近和高层建筑物(例如,微波塔、电视塔、电信大楼等)的进出口处地面上的最大冲击跨步系数 $K_{ch\cdot k}$ 可按下式估算:

$$K_{ch\cdot k}=2K_k \tag{3.26}$$

式中　K_k——工频跨步系数。

　　人体允许的冲击电流可用下式估算:

$$i_{ch}=\frac{165}{\sqrt{t}}(单位:A) \tag{3.27}$$

式中　t——雷电流波长时间(μs)。

　　现场试验证明,只要在雷雨时,人体不是直接接触避雷针本体或避雷针的接地下线,而是偶然接触其他与避雷针接地装置连接的设备或金属构件的接地部分时,一般都无危险的电击伤害[8]。

　　曾在某水电厂用冲击电流幅值为 3140~3600 A 的衰减正弦振荡波做接触电势测量试验,冲击电流由 35 kV 屋内配电装置附近的避雷针接地体引入,避雷针接地体与配电装置接地网连接,地中最短距离约 9 m,测得 1 号间隔保护网与地面钢轨之间的冲击电位差为 8~12 V,10 号间隔为 21~25 V,避雷针接地体的电位为 33.4~35.6 kV。按电流比例,将上述测量的最大电位差换算到 150 kA 时为 1.2 kV,取人体电阻为 1000 Ω,则通过人体的冲击电流约 1.2 A,低于人体能够耐受的冲击电流 3.7 A,故对人体无危险的电击伤害。

　　相反,在距避雷针接地体 3 m 的范围内,由于冲击电位梯度极大,人体将受到危险的由跨步电势引起的电击伤害。该厂测得距避雷针基础中心 3 m 处的地面冲击电位为 15.4 kV,为避雷针接地体电位的 43.2%。即使按 3 m 范围内的平均电位梯度 6.73 kV/m 计算,换算到 150 kA 时,人体两脚相距 0.8 m 承受的跨步电势为 257 kV,通过人体的冲击电流约 257 A,远大于人体能够耐受的冲击电流 3.7 A,也大大超过用波长 40 μs 估算的人体允许的冲击电流 26 A[9]。

　　因此,在《电力设备过电压保护设计技术规程(试行)》中规定:独立避雷针不应设在人经常通行的地方,避雷针及其接地装置与道路或出入口等的距离不宜小于 3 m,否则应采取均压措施,或铺设砾石或沥青地面。

　　对于装设在发电厂和变电所屋外配电装置构架上的避雷针,如果已经按照工频接地的要求采取了均压或高电阻率的路面结构层等安全措施时,就可以认为在冲击的情况下也能保证安全,不必另加措施。否则,当运行人员有可能进入 3 m 的范围内时,就应采取均压或高电阻率的路面结构层等措施。

《电力设备过电压保护设计技术规程(试行)》还规定,避雷针接地引下线与接地网的地下连接点至变压器或 35 kV 及以下设备的接地线地下连接点的接地体长度,不得小于 15 m。这是考虑到雷击避雷针时,避雷针接地点的冲击电压幅值向外传播 15 m 后,在一般电阻率地区($\rho \leqslant 500$ Ω・m),已衰减到不足以危及设备的绝缘。但对于电阻率较高的地区,仍用 15 m 的距离是不够安全的[10]。

在某水电厂测得距避雷针接地点 15 m 处的电压幅值与首端电压幅值之比为 0.29,而取 ε_r 为 9,实测电阻率 200 Ω・m,用(3.12)式估算约 0.39;又测得 110 kV 屋外开关站距避雷针 15 m 和 30 m 处接地网上的电压幅值与首端电压幅值之比分别为 0.44 和 0.36;当与避雷针接地体连接的接地带埋于地下混凝土中,电阻率约 500 Ω・m,用(3.12)式估算时约 0.69 和 0.47。某高层建筑物用波形 6/60 μs 幅值 42 A 的冲击电流,测得直径 12 mm 圆钢水平接地体 16 m 处的电压幅值,与首端电压幅值之比为 0.67,试验时,地下积满雨水,电阻率约 60 Ω・m,ε 约 80,用(3.13)式估算约 0.57。可见用(3.12)式和(3.13)式来估算接地体上电压的衰减尽管粗略些,但还是容许的。

3.4　水平接地体上的波过程

当地电阻率 $\rho = 10000$ Ω・m,冲击电流的波头时间 2.6 μs,等值角频率 $\omega = \dfrac{\pi}{2.6} \times 10^8$ (s^{-1}),地的相对介电系数 $\varepsilon_r = 4 \sim 15$ 时,传导电流和位移电流之比 $K = 2.34 \sim 0.624$。可见,位移电流已经达到不能忽略的程度,地既是导体又是介电质。由于电感、电容的存在和作用,水平接地体的冲击阻抗呈现出复杂的波动过程。

对于有限长度的水平接地体,波的传播过程可以用单位电感 L'、电容 C'、电导 G' 和电阻 r' 为常数的电路波动方程式得到解答。首端在单位波的作用下,水平接地体的运算冲击阻抗的表达式为:

$$Z(P) = Z \frac{\mathrm{ch} K(l-x)}{\mathrm{sh} K(l-x)} \tag{3.28}$$

$$Z = \sqrt{\frac{PL' + r'}{PC' + G'}} \tag{3.29}$$

$$K = \sqrt{(PL' + r')(PC' + G')} \tag{3.30}$$

式中　$Z(P)$——运算冲击阻抗;

　　　　Z——特性阻抗;

l——水平接地体的长度；

x——由首端计起的距离；

P——运算符号，$P = \dfrac{\mathrm{d}}{\mathrm{d}t}$。

由(3.28)式，令 $x=0$，计入边界条件后，可以清楚地看出波过程的物理意义。

(1)第一种情况

当 $t=0$，由 $P=\dfrac{\mathrm{d}}{\mathrm{d}t}=\infty$，故 $K=\infty$。

由(3.28)式得到：

$$Z(P) = \sqrt{\frac{PL'+r'}{PC'+G'}} \cdot \frac{\mathrm{e}^{Kl}+\mathrm{e}^{-Kl}}{\mathrm{e}^{Kl}-\mathrm{e}^{-Kl}}$$

$$Z(\infty)_{\substack{x=0\\t=0}} = Z_0 = \sqrt{\frac{L'}{C'}}$$

所以，当单位波投射到水平接地体的首端，在 $t=0$ 瞬间的冲击阻抗和接地体的电阻和电导(单位长度工频接地电阻的倒数)无关，甚至在波走过不远的距离或在极短的时间内，电阻和电导都还不能充分阻碍波动过程。因此，这时的冲击阻抗等于波阻 Z_0。

(2)第二种情况

当 $t=\infty$，由 $P=\dfrac{\mathrm{d}}{\mathrm{d}t}=0$，故 $K=\sqrt{r'G'}$。

注意到 l 足够长，由(3.28)式得到：

$$Z(0)_{\substack{x=0\\t=\infty}} = R = \sqrt{\frac{r'}{G'}} \cdot \frac{\mathrm{e}^{\sqrt{r'G'}l}+\mathrm{e}^{-\sqrt{r'G'}l}}{\mathrm{e}^{\sqrt{r'G'}l}-\mathrm{e}^{-\sqrt{r'G'}l}}$$

在经过较长的时间后，电阻和电导的作用已经充分阻碍波动过程，最后转变为传导电流在地中的流动。冲击阻抗趋近于稳态或工频接地电阻。

由于电容效应或位移电流的显著作用，在由波过程转变到电阻过程时，"电感—电导"泄流过程就不再是主要的了。由波过程转变到电阻过程时间的长短，决定于地的两个电性参数 ρ 和 ε_r，以及接地体的长度 l。

作为一个例子，取 $l=60$ m，$\rho=10000$ $\Omega \cdot$ m，$L' \approx 1.7$ μH/m，$G' \approx 1/0.03\rho l = 1/18000(\Omega \cdot \mathrm{m})^{-1}$，$r' \approx 0.05$ Ω/m，得到

波阻为：

$$Z_0 = \frac{510}{\sqrt{\varepsilon_r}} = 130 \sim 255 \ \Omega$$

稳态电阻为：

$$Z(0)_{\substack{x=0\\x=\infty}} = R = \sqrt{\frac{r'}{G'}} \cdot \frac{\mathrm{e}^{l\sqrt{r'G'}}+\mathrm{e}^{-l\sqrt{r'G'}}}{\mathrm{e}^{l\sqrt{r'G'}}-\mathrm{e}^{-l\sqrt{r'G'}}}$$

$$R = 30\,\frac{e^{0.1} + e^{-0.1}}{e^{0.1} - e^{-0.1}} \approx 300 \ \Omega$$

由上述计算可以看出,在地电阻率很大时($\rho \geqslant 10000 \ \Omega \cdot m$),水平接地体的波阻小于它的稳态电阻,这时波过程对接地是有利的。

在由波过程转变为电阻过程的最初一段时间,冲击阻抗还会由起始值的波阻下降一些。这是由于位移电流和传导电流共同作用的结果,使最初一段时间的冲击阻抗小于波阻。此后,随着位移电流的减小,传导电流的增大,冲击阻抗才上升到稳态值。这可由图 3.5 明显看出。

在地电阻率 $\rho \geqslant 10000 \ \Omega \cdot m$ 的地区,为了减小冲击接地阻抗,可以利用波过程的有利条件,将波过程转变到电阻过程的时间延长,而采用连续水平接地体。所谓连续水平接地体,是当冲击电流流过时的冲击阻抗,主要是由电容或位移电流来决定的。

连续水平接地体的长度,至少应满足在冲击电流的波头时间范围内无终端反射。因此长度应为:

$$l \geqslant \frac{\tau_t \bar{u}}{2} \text{(单位:m)} \tag{3.31}$$

式中　τ_t——波头时间(μs);

　　　$\bar{u}$——波速($m/\mu s$)。

当取 $\tau_t = 6 \ \mu s$,$\bar{u} = 77 \sim 100 \sim 150 \ m/\mu s$,连续水平接地体的长度应为 $230 \sim 300 \sim 450 \ m$。对于 $110 \sim 220 \ kV$ 的架空输电线路而言,相当于 $1 \sim 2$ 个挡距的长度。

对于连续水平接地体,为简化计算,近似认为水平接地体单位长度的电阻 $r' = 0$,注意到 l 足够长,故由(3.28)式可以写出冲击阻抗为:

$$Z(P) = \sqrt{\frac{PL'}{PC' + G'}} = \sqrt{\frac{L'}{C'}} \cdot \frac{P}{\sqrt{P^2 + \frac{G'}{C'}P}} = \sqrt{\frac{L'}{C'}} \cdot \frac{P}{\sqrt{P^2 + 2\delta P}}$$

当单位电流波由首端流入时,连续水平接地体首端的电压为:

$$V(P)_{x=0} = \sqrt{\frac{L'}{C'}} \frac{P}{\sqrt{P^2 + 2\delta P}} \times 1$$

解上式,得到:

$$V(t) = \sqrt{\frac{L'}{C'}} e^{-\delta t} I_0(\delta t)$$

如冲击电流为斜角波 δt,由缩减定理:

$$V(t)_{x=0} = \int_0^t a \sqrt{\frac{L'}{C'}} e^{-\delta(t-\tau)} I_0[\delta(t-\tau)] d\tau = \frac{a}{\delta} \sqrt{\frac{L'}{C'}} \int_0^t e^{-\delta \tau} I_0(\delta \tau) d(\delta \tau)$$

故首端 t 时的冲击阻抗为:

$$Z(t)\Big|_{\substack{x=0}} = \frac{V(t)\big|_{x=0}}{at} = \sqrt{\frac{L'}{C'}} \cdot \frac{\int_0^t e^{-\delta\tau} I_0(\delta\tau)\,\mathrm{d}(\delta\tau)}{\delta t} \tag{3.32}$$

式中　$I_0(\delta\tau)$——一类零阶贝塞尔函数。

作为一个例子,取 $\varepsilon_r = 9, \rho = 10000 \sim 50000\ \Omega \cdot \mathrm{m}, L' \approx 1.7\ \mu\mathrm{H/m}$,得到:

$$Z_0 = \sqrt{\frac{L'}{C'}} = \frac{510}{\sqrt{\varepsilon_r}} = \frac{510}{\sqrt{9}} = 170\ \Omega$$

$$\delta = \frac{G'}{2C'} = \frac{1}{2\rho\varepsilon_r\varepsilon_0} = \frac{1}{2(10000 \sim 50000) \times 9 \times \dfrac{1}{4\pi 9 \times 10^9}} = (2\pi \sim 0.4\pi) \times 10^5\ \mathrm{s}^{-1}$$

$$\delta t = 0 \sim 1\ \text{时}, I_0(\delta t) \approx 1$$

故由(3.32)式得到连续水平接地体首端冲击阻抗随时间而变化的关系曲线如图 3.11 和表 3.5 所示。将图 3.11 和表 3.5 对比,可以看出,当地的相对介电系数一定时,随着地电阻率($\rho \geqslant 10000\ \Omega \cdot \mathrm{m}$)的增加,由波过程转变到电阻过程的时间就大大加长,这正是我们所希望的。

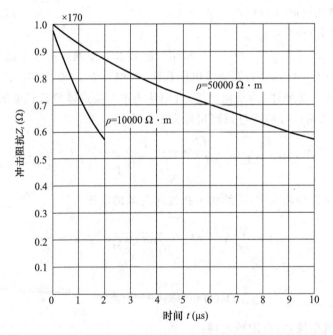

图 3.11　连续水平接地体冲击阻抗和时间关系曲线(起始部分)

表 3.5　连续水平接地体的冲击阻抗

$t(\mu s)$	0	0.5	1	2	3	4	5	6	10
$Z(t)(\Omega)$ $_{x=0}$ ($\rho=10000\ \Omega\cdot m$)	1×170	0.86× 170	0.742× 170	0.57× 170					
$Z(t)(\Omega)$ $_{x=0}$ ($\rho=50000\ \Omega\cdot m$)	1×170		0.94× 170	0.884× 170	0.833× 170	0.786× 170	0.742× 170	0.702× 170	0.57× 170

当 $\varepsilon_r=9$，$\rho=10000\sim50000\ \Omega\cdot m$，由连续水平接地体的中部流入斜角波冲击电流，在 $t=0$ 的瞬间，冲击阻抗约等于波阻的一半，约 80 Ω；2～10 μs 后，冲击阻抗几乎下降到起始值的一半，约 40 Ω。当用四条射线的连续水平接地体时，2～10 μs 的冲击阻抗约 20 Ω。当然，为了降低起始的冲击阻抗，还应并联一些短的水平接地体。

连续水平接地体的效果，已为国外线路的运行经验所证实。例如：前苏联在沙石地区采用连续水平接地体的输电线路计 720 km·a 的运行经验表明，没有发生过一次雷击跳闸事故。

3.5　引外接地

在高电阻率地区，如附近有可资利用的低电阻率的地层，为了减小冲击接地电阻，可以采用引外接地。从低电阻率的地层埋设的集中接地体的中心，到杆塔或避雷针接地点的距离，称为引接长度。

最大引接长度可由(3.14)式和(3.16)式略去式中指数项后进行估计。当冲击电流的波头时间为 3～6 μs 时，最大引接长度 l_{ch} 可用下式估算：

$$l_{ch}=(0.0265\sim0.053)\rho\sqrt{\varepsilon_r}\text{（单位：m）} \tag{3.33}$$

式中　ρ——地电阻率($\Omega\cdot m$)；

　　　ε_r——地的相对介电系数（一般地区 $\varepsilon_r=9$）；

　0.0265——用于波头时间 3 μs；

　0.053——用于波头时间 6 μs。

例如：$\varepsilon_r=9$ 时，$\rho=500\ \Omega\cdot m$，$l_{ch}=40\sim80\ m$；$\rho=2000\ \Omega\cdot m$，$l_{ch}=160\sim320\ m$。

引接长度超过最大引接长度后，采用引外接地的效果是很小的。

例如：水平接地体的直径为 6 mm，埋深 0.5 m，长度 80 m，地电阻率 700 Ω·m，工频接地电阻 20 Ω。用放置在地面上的导线，将上述水平接地体的末端接到一个垂直接地体上。该垂直接地体距水平接地体的末端约 90 m，接通后工频接地电阻约 10 Ω。由水平接地体的首端引入幅值 5400 A、波头 7 μs 的冲击电流，测量出首端的冲击接地电阻为 12.9 Ω。在同样的条件下，但无末端集中接地体时，冲击接地电阻为 14 Ω。前者

仅比后者减小8%。冲击阻抗和时间的关系曲线如图3.12所示。从图中可以看出,有
无末端集中接地体时,水平接地体冲击阻抗曲线的差别很小。因此,在这样的条件下,
采用引外接地的效果不大。

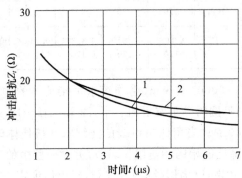

图3.12　水平接地体冲击阻抗曲线

1—末端有集中接地体,2—末端无集中接地体

引接长度超过最大引接长度后,由于"电感—电导"泄流过程的作用,一根水平接地
体可以近似用一个 π 型电路来代替。作为一个典型的例子,在波头长度 2.6 μs 的斜角
电流波的作用下,水平接地体的末端接有集中接地体时,首端的冲击阻抗参见图3.13,
可用下式估算:

$$Z_{ch} = \frac{0.77L(2R_1^2 + R_1R_2) + 4R_1^2R_2}{0.385L(2R_1 + R_2) + 4R_1R_2 + 4R_1^2} \text{(单位：}\Omega\text{)} \tag{3.34}$$

因为

$$V_L = L\frac{\mathrm{d}i}{\mathrm{d}t} = L\frac{I_{ch}}{2.6} = 0.385LI_{ch}$$

故

$$R_L = 0.385L$$

式中　R_1——水平接地体的工频接地电阻(Ω);

R_2——末端集中接地体的工频接地电阻(Ω);

L——水平接地体电感(μH)

R_L——等值电阻(Ω)。

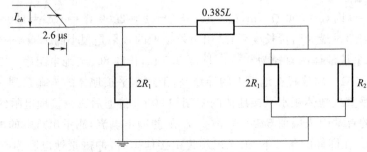

图3.13　首端的冲击阻抗计算参考图

由(3.34)式,当 $R_2 = 0$

$$\underset{R_2=0}{Z_{ch}} = \frac{0.77LR_1}{0.385L + 2R_1}(单位:\Omega)$$

当 $R_2 = \infty$

$$\underset{R_2=\infty}{Z_{ch}} = \frac{0.77LR_1 + 4R_1^2}{0.385L + 4R_1}(单位:\Omega)$$

如果地电阻率 $\rho = 500\ \Omega \cdot m$,水平接地体长度 $l = 60\ m$,$L \approx 1.7 \times 60 = 102\ \mu H$,$R \approx 0.03\rho = 15\ \Omega$,得到 $\underset{R_2=0}{Z_{ch}} = 17\ \Omega$,$\underset{R_2=\infty}{Z_{ch}} = 22\ \Omega$,两者之比为 0.773。可见,即使末端集中接地体的工频接地电阻趋近于零值时,也只能使首端的冲击阻抗减小 22.7%。在这种情况下,无论增加多少连接带,除因连接带自身的作用使冲击阻抗减小外,也不能使末端的集中接地体得到满意的利用。

参考文献

[1] 克维亚特柯夫斯基・E M. 电法勘探[M].周标,译 . 北京:中国工业出版社,1961.

[2] 桂林冶金地质研究所.物探译文集[M].[出版者不详],1975.

[3] 地质科学研究院地球物理探矿研究所.激发极化法文集[M].北京:地质出版社,1975.

[4] 帕拉司尼斯・D S. 应用地球物理学原理[M].刘光鼎,译.北京:地质出版社,1974.

[5] [美]撒帕匀尔 B,格罗斯・E T B. 非均质土壤中接地网的电阻[J].美国电气与电子工程师协会报,动力装置与系统部分,第 68 号,1963 年 10 月.

[6] 达赫诺夫.石油与天然地电法勘探[M].北京:地质出版社,1955.

[7] 解广润.高压静电场[M].上海:上海科学技术出版社,1962.

[8] 武汉水利电力学院《过电压及保护》编写组.过电压及保护[M].北京:水利电力出版社,1977.

[9] 电力设备接地设计技术规程(试行)[M].北京:水利电力出版社,1976.

[10] 电力设备接地设计技术规程(试行)修订说明[M].北京:水利电力出版社,1977.

第4章　接地网的设计方法

4.1　发电厂、变电站地网的设计总原则

表征发电厂、交电站地网的主要电气参数有:接地电阻、接触电势、跨步电势、接地电位和转移电势。在进行发电厂、变电站接地设计时,必须认真贯彻执行国家的有关方针和法规,认真总结经验,根据电气设备的类型和系统的运行方式、接地的性质以及地质构造等特点,因地制宜,力求做到技术先进合理,经济节约。进行接地设计时主要考虑以下问题。

4.1.1　对接地电阻的要求

发电厂、变电站地网的接地电阻主要是根据工作接地的要求决定,即要保证在接地故障时,流经地网的入地故障电流 I 在地网上产生的接地电位不会对人身和设备安全造成威胁。

(1)大接地短路电流系统

运行经验证明,大接地短路电流系统,包括 110 kV 及以上有效接地系统和 6~35 kV 低电阻接地系统,当接地电位升 $IR \leqslant 2000$ V 时,人身和设备是安全的,所以我国现行接地规程规定[1,2],对于有效接地和低电阻接地系统中地网的接地电阻 R 由下式确定,即:

$$R \leqslant \frac{2000}{I} \tag{4.1}$$

式中,I 为经地网向地中流散的入地故障电流,该值应采用考虑系统 5~10 a 发展规划的最大运行方式下,短路发生在站内或站外时的最大单相短路周期分量,并根据实际接线中的分流系数来确定,取最大值。

(2)小接地短路电流系统

对于小接地短路电流系统,包括 3~66 kV 不接地、经消弧线圈接地和高电阻接地系统来说,由于单相接地故障允许存在 2 h,所以接地电位升 IR 的允许值大为降低,对于高压与发电厂、变电站电力生产低压电气装置共用的接地装置,应满足:

$$R \leqslant \frac{120}{I} \tag{4.2}$$

但不应大于 4 Ω。

高压电气装置的接地装置,应满足:

$$R \leqslant \frac{250}{I} \tag{4.3}$$

即使入地故障电流较小,R 也不宜超过 10 Ω。

(3)高土壤电阻率地区

在高土壤电阻率地区,要把接地装置的接地电阻做到上述要求的值,在技术上难以实现或经济上极不合理,允许将接地电阻值适当提高。在大接地短路电流系统中允许提高到 $R \leqslant 5$ Ω;而在小接地短路电流系统中允许提高到 $R \leqslant 30$ Ω。但是,在这种情况下,应采取均压、隔离等措施,将接触电势、跨步电势限制在保证人身和设备安全所允许的范围内,并抑制转移电势所带来的危害。

4.1.2　接触电势和跨步电势允许值

在大接地短路电流系统中,发生单相接地时,发电厂、变电站及电力设备接地装置的接触电位差和跨步电位差允许值为

$$E_{tL} = \frac{174 + 0.17\rho_b}{\sqrt{t}} \tag{4.4}$$

$$E_{tL} = \frac{174 + 0.7\rho_b}{\sqrt{t}} \tag{4.5}$$

式中:ρ_b——人脚所站地表面的土壤电阻率($\Omega \cdot m$);

t——接地短路持续时间(s)。

而在小接地短路电流系统中,由于单相接地故障允许的持续时间在 2 h 以内,因此,接触电势和跨步电势的允许值为:

$$E_{tL} = 50 + 0.05\rho_b \tag{4.6}$$

不难看出,提高接触电势和跨步电势允许值最有效的办法就是增大地表的土壤电阻率 ρ_b,如采用碎石或沥青混凝土地面等办法。

4.1.3　关于接地电位升问题

在高土壤电阻率地区,地网接地电阻一般很难降低,因此,发生接地短路故障时,地网的接地电位升 IR 可能达到很高的数值,如地网接地电阻为 5 Ω,只要入地故障电流 I 达到 2000 A,地网的接地电位升会高达 10000 V,大大超过规定的安全电压 2000 V。地网的均压措施只能解决接触电势和跨步电势问题。要保证设备和人身安全还必须解

决转移电势的问题。所谓转移电势是指发电厂、变电站地网有入地故障电流向地中流散时,在站内与异地接地的金属导体之间或在异地与地网相连的金属导体之间的电位差。这实际上也是高电位引出地网和低电位引入地网的问题。

发电厂、变电站中高电位引出和低电位引入的主要途径有:由变电站通过三相四线制低压线路向外供电,外部通信线路引入变电站,发电厂、变电站中的铁轨和金属管道与外部的连接等。

(1)向站外供电的三相四线制低压的隔离

如图 4.1 所示,当向站外供电的三相四线制电源中性点和地网连接时,地网上的接地电位可以经过相线、零线或电缆的金属外皮传到用户处,可能造成用户处的设备或人员因承受很高的地网接地电位升而损坏或伤害,因此,从发电厂、变电站引出的低压线路,最好使用架空线路,且电源中性点不在地网内接地,而改在用户处单独接地,如图4.2 所示。如果采用的是由金属外皮的电缆供电,则除电源中性点不在地网内接地而改在用户处接地外,最好能把金属外皮电缆埋入地中,或在电缆进入用户处将金属外皮剥去 50~100 cm,然后穿入绝缘套管内。

(a)　　　　　　　　　　　　　　　(b)

图 4.1　高电位经低压线路引出示意图

(a)经架空线供电;(b)经电缆供电

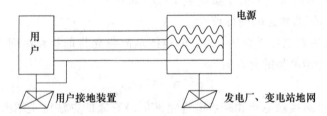

图 4.2　低压线路电源中性点改在用户处接地

应该注意,对于采用水泥杆铁横担的低压线路,由于低压线路绝缘子的工频测试电压只有 2000 V,当地网电位升高时,可能造成反击把高电位引向相线或零线。因此,当接地电位升高于 2000 V 时,在站内的低压线路水泥杆最好不接地。

(2)对外通信线路的隔离

当发电厂、变电站有和站外相连的通信线路时,站外的低电位将通过通信线路引入站内,当地网电位升高时,人站在站内用手接触通信设备(如打电话),这一电位差就会作用在人体上,给人身安全带来威胁。防止低电位引入的最有效方法是在通信信号回路中接入隔离变压器,此隔离变压器的 1 min 耐压不低于 5 kV。

当采用隔离变压器有困难时,也可设置绝缘台将整个通信设备和人员与地网隔离,或采用图 4.3 所示的保护接线,即将圆形保安器的炭精云母间隙接在地网和通信线间,当地电位升高时,间隙击穿造成短路,使管型保险丝熔断起到隔离高电位的作用。

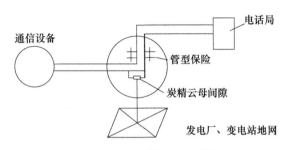

图 4.3　通信线路的保护接线

(3)铁轨和金属管道的隔离

从发电厂、变电站引出的铁轨和金属管道,在地网电位升高时,能将高电位引到很远的地方,因此,当地网电位大于 2000 V 时,需要采取隔离措施。

安装在枕木上的铁轨,可在铁轨接头处加装绝缘鱼尾板来隔离高电位。也可将铁轨的一至两处接头改用沥青混凝土固定,即将铁轨接头处的金属鱼尾板拆掉,将枕木附近的碎石清除一部分,然后浇注沥青混凝土,与轨道稍许齐平,铁轨内侧留一宽,深各 6 cm 的沟槽,以便火车导轮通过。

架空引出站外的金属管道,可采用一段绝缘管道,或在法兰连接处加装橡皮等绝缘垫圈,并用绝缘螺栓连接,采用法兰绝缘隔离电位,一般不少于 3 处。直接埋入地中金属管道,一般可不采用隔离电位的专门措施。

(4)关于阀型避雷器的误动作问题

在发电厂、变电站通过 3～10 kV 线路向外供电时,因地电位升高可能造成 3～10 kV 阀型避雷器的误动作。由图 4.4 可以看出,地网电位是加在避雷器端子对地网间的电容(包括附近发电机、变压器以及避雷器火花间隙电容的总和)C_B 和线路对地电容 C_0 的串联回路上,由于 $C_0 \gg C_B$,所以实际上几乎全部的地网电位都作用在 C_B 上,即避雷器上。考虑到当系统发生接地短路故障时,短路电流存在非周期分量,地网的工频暂态电位升可达 $1.8IR$,而 10 kV 以下的阀型避雷器工频击穿电压又较低,所以避雷器可能在发生单相接地故障时击穿,避雷器会因为不能熄弧而损坏,甚至发生爆炸。因此,在高电阻率地区,如果需要放宽对地网接地电阻的要求时,其上限值应根据阀型避雷器所能承受的反击过电压来决定。

避雷器在正常运行时,还承受工作电压的作用,考虑最不利的情况,即运行时的工

作电压正好与地网电位升反相,因此,阀型避雷器的工频放电电压下限 u 应满足下式的要求:

$$u > 1.8IR + \frac{u_e}{\sqrt{3}} \qquad (4.7)$$

式中:u_e 为系统的额定电压。由此可以算出在大接地短路电流系统中,根据阀型避雷器工频放电电压下限所要求的地网接地电阻为:

$$R < \frac{u - \dfrac{u_e}{\sqrt{3}}}{1.8I} \qquad (4.8)$$

此外,在发电厂,变电站内发生接地短路故障时,在接地引线上出现波过程而产生的过电压,此过电压沿着接地引线传播到附近接地的设备上(如故障点附近的保护控制柜),使设备外壳电位升高而危及起控制保护作品的二次系统,甚至沿着二次线路或电源线向主控室传播,造成事故的进一步扩大。

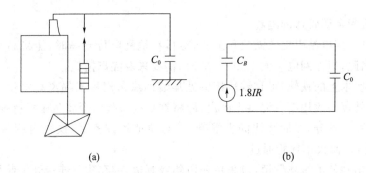

图 4.4 阀型避雷器的反击过电压

(a)阀型避雷器原理接线图;(b)等值电路图

4.2 地网的设计步骤和方法

发电厂、变电站地网的接地参数(地网竣工后的实测值)是否符合接地规程的要求,技术经济指标是否合理,取决于地网设计方法的正确性。只要按正确的步骤和方法来设计地网,是能够获得接地参数满足规程要求、技术经济指标合理的地网的。这一节中,将讨论地网设计的步骤和方法。

4.2.1 调查土壤特性

土壤电阻率是决定地网参数的重要参数。根据土壤类型及土壤中所含水分的性质和含水量的多少,土壤电阻率的变化范围很大,由于实际的大地结构比较复杂,同一土壤在不同地点电阻率会有所不同,所以土壤电阻率的确定必须进行实测。在发电厂、变电站站址选定后,用物探法进行地质结构调查时,要收集站区内土壤在水平方向和垂直方向的变化情况,同时,利用电探法测出站区(包括站区周围)的土壤电阻率的分布情况,并重视站区土壤电阻率随季节的变化情况,然后,经过对实测数据的分析处理,以便获得设计时所需要的土壤电阻率。除此以外,还应该调查站区土壤对普通钢、镀锌钢等金属材料的腐蚀情况,测出对金属材料的腐蚀速度,为地网设计选择正确的金属材料和截面提供依据。

4.2.2　入地故障电流的计算

入地故障电流是指系统发生接地短路时经地网向地中流散并引起地网电位升高的那部分电流。在输电线路有避雷线和系统中性点直接接地的情况下,当系统发生接地短路时,短路点的全部短路电流中,一部分电流由与地网连接的避雷线为回路流通,另一部分电流经地网流回系统的中性点,而剩下的那部分电流才经地网向地中流散,因此,入地故障电流并不等于故障点的全部短路电流。入地故障电流经地网流散时,它不仅影响着接地电位升、接触电势、跨步电势以及转移电势,局部电位差的大小,而且还影响着接地引线、均压导体截面的选择,因此,在接地设计中,无论从安全的角度考虑,还是从经济的角度考虑都要求准确地计算入地故障电流。

(1)短路故障发生在站内

图 4.5 为短路发生在接地网内的情况,图中 R 为线路杆塔接地电阻,R_z 为发电厂、变电站地网接地电阻。在故障点的全部短路电流 $\dot{I}_{\max}$ 中,由发电厂、变电站提供的那部分电流 $\dot{I}_n$。可以经地网直接流回电源的中性点,不会在地网的接地电阻上形成压降,而由于避雷线的存在,由系统提供的短路电流 $\dot{I}_s(=\dot{I}_{\max}-\dot{I}_n)$ 中的一部分会经"避雷线—杆塔"接地系统返回系统,也不会在地网的接地电阻上形成压降。

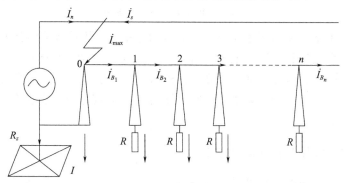

图 4.5　短路故障发生在站内

　　若避雷线分流系数为 K_{e_1} ,则经避雷线分走的电流 $\dot{I}_{B_1}$:

$$\dot{I}_{B_1}=(\dot{I}_{\max}-\dot{I}_n)K_{e_1}=\dot{I}_s K_{e_1} \tag{4.9}$$

式中: $K_{e_1}=\dfrac{\dot{I}_{B_1}}{\dot{I}_s}$

　　故经地网流散的入地故障电流只有:

$$\dot{I}=(\dot{I}_{\max}-\dot{I}_n)(1-K_{e_1}) \tag{4.10}$$

　　(2)短路故障发生在站外

　　图 4.6 为短路发生在接地网外的情况。经大地自地网返回的短路电流将由电站本身提供。同样,由于避雷线的存在, $\dot{I}_n$ 分量中将有一部分经避雷线直接返回电源中性点,则经地网返回的电流:

$$\dot{I}=(\dot{I}_n-\dot{I}_{B_S})=\dot{I}_n(1-K_{e_2}) \tag{4.11}$$

式中: $K_{e_2}=\dfrac{\dot{I}_{B_S}}{\dot{I}_n}$,即站外短路时架空地线的分流系数。

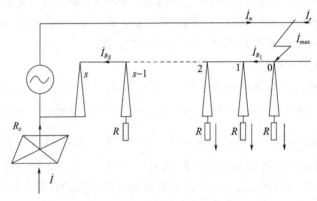

图 4.6　短路故障发生在站外

　　但是,由于短路电流的流通路径及其电流的分布受到短路故障的类型和位置、系统的结构与参数,变电站和杆塔接地电阻;相线和架空地线参数,系统将来(5~10 a)的发展等因素的影响。因此,要精确地计算 K_{f_1} 和 K_{f_2} 是十分困难的。在接地设计计算时,先分别计算 K_{e_1} , K_{e_2} ,然后取较大者作为计算用入地短路电流。有关分流系数的计算方法,将在 4.3 中讨论。

4.2.3　地网导体材料及截面的选择

　　在接地工程中,地网材料及截面的选择合理与否,直接影响到地网的经济技术指标。特别是在系统容量和电压等级不断提高、入地故障电流和地网尺寸越来越大的情况下,合理地选择导体材料和截面显得更加重要。下面分别讨论选择导体材料和截面时应考虑的因素及选择原则。

1. 导体材料的选择

选择导体材料时应当考虑导体的热稳定性、在土壤中的腐蚀速度、导电性,材料价格及来源等。目前世界上普遍采用的接地材料是铜和钢两种,国外大多采用铜做接地材料,而根据国情,我国绝大多数接地材料选用的是钢。下面简要分析和讨论这两种材料的性能

(1)热稳定性

在大接地短路电流系统中,入地故障电流一般在几千安到几十千安的范围内,这样强大的电流经地网向地中流散时,将在导体中产生很高的热量,入地故障电流持续时间取决于系统保护动作时间和断路器的分闸时间,一般只有零点几秒,在这样短的时间内导体产生的热量来不及向周围土壤中扩散,几乎全部热量都用来使导体温度升高。当温度超过一定值以及经土壤自然冷却后,导体的机械强度会剧烈下降,特别是在导体之间的连接处,如果再遇短路电流电动力作用,导体就会遭到破坏。当短路电流很大,导体温度升到很高,达到金属材料的熔点时,导体将会熔化。这两种原因都可能使接地引线和地网导体断裂解体,地网失去作用,而使系统故障扩大,造成巨大的经济损失。每一种导体材料都具有一短时最高允许温度,如果导体温度超过它,就意味着其性能下降。同样每种导体材料都有它自己的熔点。允许最高温度及熔点越高,其热稳定性能越好。铜的短时最高允许温度为 300 ℃,熔点为 1083 ℃;钢的短时最高允许温度为 400 ℃,熔点为 1550 ℃。因此,钢的热稳定性比铜要好些。

(2)土壤对金属导体的腐蚀性

埋在土壤中的金属将受到土壤的腐蚀。它属于电化学腐蚀的范畴。土壤中的水溶解有盐和其他电解质而形成电解质溶液,但土壤的腐蚀性比电解质溶液的腐蚀性更为复杂、严重。关于导体在土壤中腐蚀过程及其影响因素和有关电化学腐蚀的内容将在后面的相关章节中介绍。由于土壤的腐蚀作用,随着时间的推移,导体直径将不断减小,会造成地网导体的热稳定性和导电性下降,严重时可能造成导体断裂使地网解体而引发事故,因此,在选择导体材料时应考虑选用耐腐蚀的材料。

土壤对导体的腐蚀程度可以用腐蚀速度来表示。导体的平均腐蚀速度可以用导体单位时间内单位面积上所失去的重量来表示,如 g/cm² · a;也可以用单位时间内金属表面的腐蚀深度来表示,如 mm/a。通常用腐蚀深度来表示更为确切。据有关资料表明,未镀锌钢在土壤中腐蚀速度约为铜的 4~5 倍,而镀锌钢在土壤中的腐蚀速度仅为铜的 1~2 倍,可见铜的耐腐蚀性最强,镀锌钢比不镀锌钢强。但应当注意,金属在土壤中的腐蚀要受到许多因素的影响(诸如土壤的孔隙度、土壤电阻率,水分中溶解的盐类,酸碱性和细菌等),因此在不同的土壤环境中,金属导体的腐蚀情况有很大的差别,建议在进行土壤电阻

率测量的同时,还应当测量站区内土壤对铜或钢的腐蚀速度,为导体材料和截面的选择提供可靠的数据。通常采用的测量土壤对金属导体的腐蚀速度的方法有失重法和电化学法。

(3)导体的导电性

在大型地网中,当强大的入地故障电流经地网流散时,因导体电阻的存在,会造成地网导体上各部分的电位不相等。地网尺寸越大,土壤电阻率越低,导体导电性越差,各部分的电位差也越大,例如,面积为 50 cm×50 cm,均压导体间距为 12.5 cm 的等间距布置的正方形地网,在电阻率为 30 Ω·m 的自来水中,当自地网的一角注入电流时,其对角的电位降低值为:对于钢($\rho_{Fe} = 0.5 \times 10^{-6}$ Ω·m)为接地材料的地网,此值为5.3%,而铜($\rho_{Cu} = 0.24 \times 10^{-6}$ Ω·m)为接地材料的地网,此值为 4.3%。在其他条件不变的情况下,水的电阻率降为 1.8 Ω·m 时,钢为接地材料的地网电位降低值增加到35.6%。如果以地网各金属导体电位相差 10% 计算,取电流入地点电位(即地网电位升)为 4000 V,则与地网不同点相连的各设备外壳之间可能出现的最大电位差将达400 V,设计中必须考虑对这种局部电位差的控制,否则将会引发事故。

(4)材料的成本和来源

铜的价格约为钢的几倍到十几倍,且铜的矿藏量比铁少得多,当然选用钢比铜好。铜和钢地网各有优缺点,钢的热稳定比铜更好且经济。铜的导电性和耐腐蚀性比钢强,镀锌钢的耐腐蚀性又比不镀锌钢好,若采用一些防腐措施(如阴极保护)还能进一步提高耐腐蚀性。此外,一般电气设备的外壳都是钢铁的,地网附近还可能有其他金属管道,若地网导体选用铜,将会和与之相近的(或相连的)其他金属材料构成原电池,反而加速了对钢铁构件的腐蚀。而采用镀锌钢就不会或很少出现这种情况,因此根据我国国情建议选择镀锌钢作为接地材料是比较适宜的。

2. 导体截面的选择

导体截面的选择一般可根据热稳定性要求来确定导体的最小截面,然后再根据对地网运行寿命的要求以及实测得到的土壤对地网导体的腐蚀速度计算得到导体截面积,然后将两者进行比较,取大者,再考虑一定的裕度,最后确定应该选择的导体截面积。考虑裕度的理由是,因为导体在土壤中的腐蚀并不是均匀腐蚀。一般来说,导体截面越大越不均匀,但是在相同的土壤环境中表征散流特性的接地电阻主要取决于地网的面积,导体半径对它影响很小,可以不考虑这一条件。

(1)由热稳定性确定导体截面

假定导体短时发出的热量全部用来使导体温度升高,为了使导体满足热稳定要求,即导体温度不超过其允许温度,则:

$$\int_0^t I^2 R \mathrm{d}t \leqslant \int_{\theta_1}^{\theta_2} Gc \, \mathrm{d}\theta \qquad (4.12)$$

式中:I——入地故障电流有效值(A);

R——导体电阻(Ω)；

t——入地故障电流持续时间(s)；

G——导体质量(g)；

c——导体比热容(W·s/g·℃)；

θ_1——土壤环境温度(℃)；

θ_2——导体最大允许温度(℃)。

由于电流大，导体温升快，所以导体电阻 R 和比热容 c 都是随温度变化的函数，即：

$$R=\rho_0 \frac{L}{S}(1+\alpha\theta) \tag{4.13}$$

$$c=c_0(1+\beta\theta) \tag{4.14}$$

式中：ρ_0、c_0 分别是 0 ℃时导体的电阻率(Ω·cm)和比热容(W·s/g·℃)，L 为导体长度(cm)，S 为导体截面积(cm^2)，α、β 分别为导体的电阻温度系数和比热容温度系数，θ 为导体温度(℃)。地网导体一般为均匀导体，其质量 $G=\gamma LS$，γ 为导体质量密度(g/cm^3)。将(4.13)式和(4.14)式代入(4.12)式，经简化整理得：

$$S \geqslant \frac{I}{k}\sqrt{t} \tag{4.15}$$

式中：$k=\frac{\gamma c_0 A}{\rho_0}$，其中 $A=\frac{\alpha-\beta}{\alpha^2}\ln\left(\frac{1+\alpha\theta_2}{1+\alpha\theta_1}\right)+\frac{\beta}{\alpha}(\theta_2-\theta_1)$

根据(4.15)式就能很方便地算出满足热稳定要求的导体最小截面积。对于一定的材料，k 为定值，如钢导体 $k=70$，铜导体 $k=210$，铝导体 $k=120$。

(2)由土壤对导体的腐蚀速度来确定截面积

根据实测得到的土壤对导体的年腐蚀速度(mm/a)以及预期的地网运行寿命，就能很容易地得出导体的最小截面，然后考虑一定的裕度系数就能得到按腐蚀速度确定的导体截面积。

4.2.4　选择地网的布置方式

发电厂、变电站接地装置大多数都是以水平接地极为主，外缘闭合，内部敷设若干均压导体的接地网。在过去的设计中，均压导体一般按 3 m、5 m、7 m、10 m 等间距布置。由于端部效应和邻近效应，各均压导体流散电流很不均匀，地网中部导体流散的电流较小，而在边角处导体的流散电流急剧增加，这就使地网内部的地表面电位分布很不均匀，造成地网边角处的接触电势和中心处的接触电势相差很大，且这种不均匀随地网面积的增大和网孔数的增多而越来越严重。为了保证发电厂、变电站人身和设备安全，又不过多地耗费钢材，设计是以比边角网孔低 20%～30% 的次边角网孔电势不超过允许接触电势为原则。但这样做并没有根除因地面电位分布不均匀而引起事故的危险，还需要在地网边角处采取辅助安全措施，而中部导体得不到合理利用。这样，大型地网均压导体如果仍按传统的等间距布置,在技术经济上都是不够合理的。为了改变这种情况,最好的方法是采用不等间距布置均压导体,有关用不等间距布置均压导体的合理性及其布置的规律将在 4.4 中讨论。

经分析研究表明,在大中型地网周边埋设 2~3 m 或远小于地网等值半径的垂直接地体对降低整个接地装置的接地电阻的效果不大。所以,除在避雷针(线)和避雷器附近埋设集中的垂直接地体以流散雷电流以外,在地网的周边一般不敷设垂直接地体。但是,如果在埋设地网的地方土壤上层的电阻率远比下层的电阻率高,或者地网处于容易干燥或冰冻的土壤地区的情况下,可以在地网周边埋设若干垂直接地体,并与水平接地网相连。这样既可以进一步减小接地电阻,也可以维持地网的性能,使之不随气候的变化而发生显著变化。垂直接地体的长度在 10~50 m 的范围内,它们之间的距离以大于相邻两垂直接地体的总长度为宜,此外,还应重视各种自然接地体(如水电厂的钢筋混凝土基等)的利用。

接地网导体的总长,可按下式估算:

$$L = \frac{K_m K_{ip} I \sqrt{t}}{116 + 0.17S} \tag{4.16}$$

(4.16)式中,K_m 为考虑地网的导体数为 n、间距为 D、直径为 d 和埋深为 h 的影响系数,其值为:

$$K_m = \frac{1}{2\pi} \ln \frac{D^2}{16hd} + \frac{1}{\pi} \ln \left[\left(\frac{3}{4} \right) \left(\frac{5}{6} \right) \left(\frac{7}{8} \right) \cdots \right] \tag{4.17}$$

在(4.17)式中,第二项括号内的因子相乘次数比包括交叉连接线在内的主接线地网内平行导体的根数少 2;K_i 为不均匀修正系数,考虑接地网不同部分接地电流的不均匀性,尼曼建议 K_i 值为 1.2 ~1.3,对土壤电阻率不均匀的情况,K_i 可取得大一些;t 为电击最大持续时间(s)。

知道接地网导体的总长,地网的长和宽以及选择好导体间的间距就容易对接地网进行布置。

4.2.5　接地计算

1. 接地电阻计算

我国规程推荐以水平接地网为主,且边缘闭合的复合接地体的接地电阻按下式计算:

$$R = \frac{\sqrt{\pi}}{4} \cdot \frac{\rho}{\sqrt{S}} + \frac{\rho}{2\pi L} \ln \frac{L^2}{1.6h \cdot d \cdot 10^4} \tag{4.18}$$

式中:S——接地网的总面积(m²);

L——接地体的总长度,包括垂直接地体在内(m);

d——水平接地体的直径和等效直径(m);

h——水平接地体的埋设深度(m)。

对于面积 S 大于 $100\ \text{m}^2$ 的闭合接地体可用下面的公式近似计算,即:

$$R \approx 0.5\frac{\rho}{\sqrt{S}} \tag{4.19}$$

$$R \approx \frac{\rho}{4r} + \frac{\rho}{L} \tag{4.20}$$

(4.20)式中:L 为接地体的总长度,包括垂直接地体(m);r 为接地网的等效半径,$r = \sqrt{S/\pi}$,单位:m。

2. 地网的电位升高计算

接地网的电位升高 E 为:

$$E = IR \tag{4.21}$$

式中:I——流经地网的最大接地短路电流(A);

　　　R——接地网的接地电阻(Ω)。

3. 接触电势和跨步电势计算

发生接地短路时,接地网地表面的最大接触电势,即网孔中心对接地体的最大的电势,可按下式计算:

$$E_{tLm} = K_t E \tag{4.22}$$

式中:E——地网电位升高(V);

　　　K_t——接触系数。

当接地体埋设深度 $h = 0.6 \sim 0.8\ \text{m}$,$K_t$ 可按下式计算:

$$K_t = K_n K_d K_s \tag{4.23}$$

K_n、K_d、K_s 系数可按表 4.1 所列式子进行计算。

表 4.1　系数 K_n、K_d、K_s

系数	接地网形式		
	长孔接地网	方孔接地网	备注
均压带根数影响系数 K_n	$\frac{0.97}{n}+0.096$	$\frac{1.03}{n}+0.047$	当$\leqslant 9$ (n 的取法同上)
	$\frac{0.545}{n}+0.137$	$\frac{0.55}{n}+0.105$	当$\geqslant 10$ (n 的取法同上)
均压带直径影响系数 K_d	1.0	$1.2 \sim 10d$	注
接地网面积影响系数 K_s	$1.23 \sim 0.23\frac{40}{\sqrt{S}}$		$\sqrt{S}\geqslant 16$ 时

注:各种接地体的等效直径:

扁钢:$d = \frac{b}{2}$,b 为扁钢宽度;

等边角钢:$d = 0.84(b$,b 为角钢边宽$)$;

不等边角钢:$d = 0.71\sqrt[4]{b_1 b_2 (b_1^2 + b_2^2)}$,$b_1$,$b_2$ 为角钢两边宽度。

发生接地短路时,接地网外的地表面的最大跨步电势可按下式计算:

$$E_{sm}=K_kE \tag{4.24}$$

式中:E——接地网电位升高(V);

K_k——跨步系数。

跨步系数可按下面的(4.25)、(4.26)、(4.27)式计算:

$$K_k=1.28\left\{\frac{L-L_1}{L}\cdot\frac{2}{\pi}\left[\arctan\sqrt{\frac{\sqrt{\frac{S}{\pi}}}{(h-0.4)+\sqrt{h^2+(h-0.4)^2}}}-\right.\right.$$

$$\left.\left.\arctan\sqrt{\frac{\sqrt{\frac{S}{\pi}}}{(h+4)+\sqrt{h^2+(h+0.4)^2}}}+\frac{L_1}{L}\cdot\frac{\ln\sqrt{\frac{h^2+(h+0.4)^2}{h^2+(h-0.4)^2}}}{\ln\frac{16\sqrt{S}}{\sqrt{\pi}d}}\right]\right\} \tag{4.25}$$

当 $h=0.6$ m 时,(4.25)式可简化为:

$$K_k=1.28\left[\frac{L-L_1}{L}\cdot\frac{0.477}{S^{0.25}}+\frac{L_1}{L}\cdot\frac{0.61}{\ln\frac{9.02\sqrt{S}}{d}}\right] \tag{4.26}$$

当 $h=0.8$ m 时,(4.25)式可简化为:

$$K_k=1.28\left[\frac{L-L_1}{L}\cdot\frac{0.41}{S^{0.25}}+\frac{L_1}{L}\cdot\frac{0.476}{\ln\frac{9.02\sqrt{S}}{d}}\right] \tag{4.27}$$

(4.25)式、(4.26)式和(4.27)式中:

L——接地网中接地体的总长度(m);

L_1——接地网的外周边线总长(m);

S——接地网面积(m²);

h——接地网水平均压带的埋设深度(m);

d——接地网水平均压带的直径或等效直径(m)。

4. 不等间距接地网的接地参数计算

在经过大量的理论计算和分析的基础上采用最小二乘法回归分析,得到了用不等间距布置接地网接地参数的计算公式。

(1)符号说明

S——接地网面积(m²);

h——地网埋深(m);

L_1——地网长度(m);

L_2——地网宽度(m);

n_1——沿宽方向布置的导体根数；

n_2——沿长方向布置的导体根数；

m——地网网孔数，$m=(n_1-1)(n_2-1)$；

d——地网导体直径(m)；

ρ——土壤电阻率($\Omega \cdot$ m)；

I——经地网入地的短路电流(A)；

R——地网接地电阻(Ω)；

U_0——接地电位升高，$V_0=IR$，单位：V；

U_{jm}——最大接触电势(V)；

U_{km}——最大跨步电势(V)；

K_{kn}——最大跨步电势系数；

K_{jm}——最大接触电势系数；

K_{Rh}，K_{RL}，K_{Rm}，K_{Rn}，K_{Rd} 分别为最大接地电阻的埋深、形状、网孔数、导体根数和导体半径的计算系数。

K_{jh}，K_{jL}，K_{jn}，K_{jd}，K_{js} 分别为最大接触电势的埋深、形状、导体根数、导体半径和地网面积的计算系数。

K_{kL}，K_{km}，K_{kn}，K_{Rd}，K_{kS} 分别为最大跨步电势的形状、网孔数、导体根数、导体半径和地网面积的计算系数。

(2)接地电阻

$$R=K_{Rh}K_{RL}K_{Rm}K_{Rn}K_{Rd}\left(1.068\times10^{-4}+\frac{0.445}{\sqrt{S}}\right)\rho$$

式中：

$$K_{Rh}=1.061-0.0701\sqrt[5]{h}$$

$$K_{RL}=1.144-0.13\sqrt{\frac{L_1}{L_2}}$$

$$K_{Rm}=k_{Rn}(1.168-0.079\sqrt[5]{m})$$

$$K_{Rn}=1.256-0.367\sqrt{\frac{n_2}{n_1}}+0.126\frac{n_2}{n_1}$$

$$K_{Rd}=0.931+\frac{0.0174}{\sqrt[3]{d}}$$

(3)最大接触电势和 k_{jm}

$$U_{jm}=k_{jm}U_0$$

式中：$U_0=IR$，单位：kV，为接地电位升高。

$$K_{tm}=K_{tL}K_{td}K_{ts}K_{th}K_{tn}\left(9.727\times10^{-3}+\frac{1.356}{\sqrt{m}}\right)$$

$$K_{ja} = 1.215 - 0.269 \sqrt[3]{\frac{L_2}{L_1}}$$

$$K_{jd} = 1.527 - 1.494 \sqrt[5]{d}$$

$$K_{jh} = 1.612 - 0.654 \sqrt[5]{h}$$

$$K_{js} = -0.118 + 0.445 \sqrt[17]{S}$$

$$K_{jn} = 64.301 - 232.65 \sqrt[6]{\frac{n_1}{n_2}} + 279.65 \sqrt[3]{\frac{n_1}{n_2}} - 110.32 \sqrt{\frac{n_1}{n_2}}$$

(4)最大跨步电势和 k_{km}

$$U_{km} = K_{km} U_0$$

式中：

$$K_{km} = 0.454 K_{kL} K_{km} K_{kd} K_{ks} e^{-2.2939 \sqrt[3]{h}}$$

$$K_{kL} = 29.081 - 1.8619 \sqrt{\frac{L_1}{L_2}} + 435.18 \frac{L_1}{L_2} + 425.68 \left(\frac{L_1}{L_2}\right)^{1.5} + 148.59 \left(\frac{L_1}{L_2}\right)^2$$

$$K_{km} = k_{kn} (34.474 - 11.541 \sqrt{m} + 1.43\ m - 0.076\ m^{1.5} + 1.455 \times 10^{-3} m^2)$$

$$K_{kn} = 1.0 + 1.416 \times 10^6 e^{-202.7 \frac{n_1}{n_2}} - 0.306 e^{29.264 \left(\frac{n_1}{n_2} - 1\right)}$$

$$K_{ks} = 0.911 + 19.104 \sqrt{S}$$

$$K_{kd} = -2780 + 9\ 623 \sqrt[3]{d} - 11099 \sqrt[5]{d}\ 4\ 265 \sqrt[7]{d}$$

如果上面各式的计算结果不满足规程要求,须重新布置地网均压带,再进行计算,直至满足规程要求为止,然后绘制施工图和编写施工说明,施工完成后对接地装置进行现场测量。

4.3 架空地线分流系数计算

过去对架空地线分流系数的计算大都用简化等效的计算方法。近些年来,美国、加拿大等国家对此做了许多研究工作,并提出一些数值计算方法,其基本思想是用模型代表电网中的各电力元件,然后由这些模型构成网络,最后对网络进行分析求解,也可以用 EMTP 程序进行计算。下面简单介绍架空地线分流系数的简化等效计算方法和用 EMTP 程序计算方法[3]。

4.3.1 简化计算方法

假如将变电站的接地电阻和输电线路杆塔的接地电阻取为一样,即 $R_z = R$,则可用图 4.7 所示的链型等值电路求出 K_{e_1} 和 k_{e_2}。

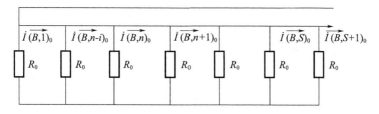

图 4.7 计算分流系数的零序链型等值电路

图 4.7 中 $\dot{I}_{so}=\dfrac{1}{3}\dot{I}_s$，$\dot{I}_{(Bn)0}=\dfrac{1}{3}\dot{I}_{Bn}$，$R_0=3R$。从图中可以看出，分流将逐杆进行，最后趋于某一稳定值。即随着 n 的增大，由杆塔入地的电流 $I_{(Dn)0}$ 将逐渐减小，当 $n\rightarrow\infty$ 时，将有 $\dot{I}_{(Dn)0}=0$，$\dot{I}_{B(n-1)0}=\dot{I}_{B(n)0}=\dot{I}_{B(n+1)0}$，为求零序电流沿避雷线的分布规律，可对节点 $n-1,n$ 和 $n+1$ 写出差分方程：

$$\dot{I}_{B(n-1)0}-\dot{I}_{Bn0}=\frac{\dot{U}_{n-1}}{R_0} \tag{4.28}$$

$$\dot{I}_{(Bn)0}-\dot{I}_{B(n+1)0}=\frac{\dot{U}_n}{R_0} \tag{4.29}$$

$$\dot{U}_{n-1}-\dot{U}_n=\dot{I}_{(Bn)0}\dot{Z}_{L0}-\dot{I}_{S0}\dot{Z}_{M0} \tag{4.30}$$

式中 $\dot{Z}_{L0}$ 为每两基杆塔间避雷线的零序自感阻抗，可用下式计算：

$$\dot{Z}_{L0}=\frac{3r_d}{n}+0.15+j0.189\ln\frac{D_g}{\sqrt[n]{a_m D_g^{n-1}}} \tag{4.31}$$

(4.31)式中，$\dot{Z}_{L0}$ 单位为 Ω/km；r_d 为导线的单位长度的电阻，单位：Ω/km；n 为导线根数；a_m 为导线的等值半径；D_g 为避雷线对地的等价镜像距离。

每两基杆塔间相线和避雷线间的零序互感抗 $\dot{Z}_{M0}$ 其值为：

$$\dot{Z}_{M0}=0.15+j0.189\ln\frac{D_g}{D_{bx}} \tag{4.32}$$

式中 D_{bx} 为相线和中性线间的几何均距。

从(4.28)式～(4.30)式中消去 $\dot{U}_{n-1}$ 和 $\dot{U}_n$，可得：

$$\dot{I}_{B(n-1)0}-\left(2+\frac{\dot{Z}_{L0}}{R_0}\right)\dot{I}_{Bn0}+\dot{I}_{B(n+1)0}=-\dot{I}_{S0}\frac{\dot{Z}_{M0}}{R_0} \tag{4.33}$$

考虑到当 $n\rightarrow\infty$ 时，有 $\dot{I}_{B(n-1)0}=\dot{I}_{B(n)0}=\dot{I}_{B(n+1)0}$，因此差分方程(4.33)的特解为：

$$\dot{I}_{Bn0}=\dot{I}_{S0}\frac{\dot{Z}_{M0}}{\dot{Z}_{L0}} \tag{4.34}$$

由此可写出差分方程(4.33)式的通解为：

$$\dot{I}_{Bn0} = \dot{A}e^{\dot{a}n} + \dot{I}_{s0} \cdot \frac{\dot{Z}_{M0}}{\dot{Z}_{L0}} \tag{4.35}$$

将(4.35)式代入(4.34)式可得：

$$e^{\dot{a}(n-1)} - \left(2 + \frac{\dot{Z}_{L0}}{R_0}\right)e^{\dot{a}n} + e^{\dot{a}(n+1)} = 0 \tag{4.36}$$

$$e^{-\dot{a}} - 2 + e^{\dot{a}} = \frac{\dot{Z}_{L0}}{R_0} \tag{4.37}$$

$$\left(e^{\frac{\dot{a}}{2}} - e^{-\frac{\dot{a}}{2}}\right)^2 = \frac{\dot{Z}_{L0}}{R_0} \tag{4.38}$$

$$\left(2\,\mathrm{sh}\,\frac{\dot{a}}{2}\right)^2 = \frac{\dot{Z}_{L0}}{R_0} \tag{4.39}$$

由此可得：

$$\dot{a} = \pm 2\,\mathrm{sh}^{-1}\frac{\sqrt{\dot{b}}}{2} = \pm\dot{\beta} \tag{4.40}$$

(4.40)式中，$\dot{b} = \dfrac{\dot{Z}_{L0}}{R_0}$

　　也就是说零序电流沿避雷线的分布规律为：

$$\dot{I}_{Bn0} = \dot{A}_1 e^{\dot{\beta}n} + \dot{A}_2 e^{\dot{\beta}n} + \dot{I}_{s0} \cdot \frac{\dot{Z}_{M0}}{\dot{Z}_{L0}} \tag{4.41}$$

(4.41)式中$\dot{A}_1$和$\dot{A}_2$可根据边界条件求出。

　　1. 变电站内短路时的分流系数 K_{e_1}

　　设系统和电站间的链形回路中有 s 个链，则变电站内短路时，回路的边界条件为：

(1)$n=0$ 时，$\dot{I}_{B(0)0} = \dot{I}_{s0}$ $\tag{4.42}$

(2)$n=s+1$ 时，$\dot{I}_{B(s+1)0} = \dot{I}_{s0}\dfrac{\dot{Z}_{M0}}{\dot{Z}_{L0}}$ $\tag{4.43}$

　　将(4.42)式和(4.43)式两边界条件用于(4.41)式可得：

$$\dot{A}_1 = \frac{e^{-\dot{\beta}(s+1)}}{e^{\dot{\beta}(s+1)} - e^{-\dot{\beta}(s+1)}}\dot{I}_{s0}\left(1 - \frac{\dot{Z}_{M0}}{\dot{Z}_{L0}}\right) \tag{4.44}$$

$$\dot{A}_2 = \frac{e^{\dot{\beta}(s+1)}}{e^{\dot{\beta}(s+1)} - e^{-\dot{\beta}(s+1)}}\dot{I}_{s0}\left(1 - \frac{\dot{Z}_{M0}}{\dot{Z}_{L0}}\right) \tag{4.45}$$

而有：

$$\dot{A}_{(Bn)0} = \frac{e^{\dot{\beta}(s+1)}e^{-\dot{\beta}n} - e^{-\dot{\beta}(s+1)}e^{\dot{\beta}n}}{e^{\dot{\beta}(s+1)} - e^{-\dot{\beta}(s+1)}}\left(1 - \frac{\dot{Z}_{M0}}{\dot{Z}_{L0}}\right)\dot{I}_{s0} + \frac{\dot{Z}_{M0}}{\dot{Z}_{L0}}\dot{I}_{s0} \tag{4.46}$$

当 $n=1$ 时,将有:

$$\dot{I}_{(B1)0} = \frac{e^{\dot{\beta}s} - e^{-\dot{\beta}s}}{e^{\dot{\beta}(s+1)} - e^{-\dot{\beta}(s+1)}}\left(1 - \frac{\dot{Z}_{M0}}{\dot{Z}_{L0}}\right)\dot{I}_{s0} + \frac{\dot{Z}_{M0}}{\dot{Z}_{L0}}\dot{I}_{s0} \tag{4.47}$$

由此可得站内短路时避雷线的分流系数 K_{e_1} 为:

$$K_{e_1} = \frac{\dot{I}_{B1}}{\dot{I}_s} = \frac{\dot{I}_{(B1)0}}{\dot{I}_{s0}} = \frac{e^{\dot{\beta}n} - e^{-\dot{\beta}n}}{e^{\dot{\beta}(s+1)} - e^{-\dot{\beta}(s+1)}}\left(1 - \frac{\dot{Z}_{M0}}{\dot{Z}_{L0}}\right) + \frac{\dot{Z}_{M0}}{\dot{Z}_{L0}} \tag{4.48}$$

如链形回路很长,即杆塔数很大,$s \to \infty$,则(4.48)式可简化为:

$$K_{e_1} = \left(1 - \frac{\dot{Z}_{M0}}{\dot{Z}_{L0}}\right)e^{-\dot{\beta}} + \frac{\dot{Z}_{M0}}{\dot{Z}_{L0}} \tag{4.49}$$

式中:

$$e^{-\dot{\beta}} = \frac{1 - \sqrt{\dfrac{\dot{b}}{4+\dot{b}}}}{1 + \sqrt{\dfrac{\dot{b}}{4+\dot{b}}}} \qquad \dot{b} = \frac{\dot{Z}_{L0}}{R_0} \tag{4.50}$$

经计算表明,当 $s>5$ 时,有:

$$\frac{e^{\dot{\beta}s} - e^{-\dot{\beta}s}}{e^{\dot{\beta}(s+1)} - e^{-\dot{\beta}(s+1)}} \approx e^{-\dot{\beta}} \tag{4.51}$$

因此,站内短路时避雷线的分流系数 K_{e_1} 可按(4.49)式进行计算:

仍以图 4.5 为例,设避雷线为钢绞线,线路的平均挡距为 300 m,可得:

$$\dot{Z}_{L0} = 0.3 \times 12.69 e^{j33.09} = 3.807 e^{j33.09} (单位:\Omega)$$

$$\dot{Z}_{M0} = 0.3 \times 1.107 e^{j82.21} = 0.332 e^{j82.21} (单位:\Omega)$$

若链形回路的 R 取杆塔的平均接地电阻 10 Ω,则有:

$$\dot{b} = \frac{\dot{Z}_{L0}}{R_0} = \frac{3.807}{3 \times 10} e^{j33.09} = 0.127 e^{j33.09} = 0.106 + j0.069$$

$$e^{-\dot{\beta}} = \frac{1 - \sqrt{\dfrac{0.127 e^{j33.09}}{4+0.106+j0.069}}}{1 + \sqrt{\dfrac{0.127 e^{j33.09}}{4+0.106+j0.069}}} = 0.711 e^{-j5.77} = 0.707 - j0.071$$

$$\frac{\dot{Z}_{M0}}{\dot{Z}_{L0}} = \frac{0.332 e^{j82.21}}{3.807 e^{j33.09}} = 0.087 e^{j49.12} = 0.057 + j0.066$$

$$K_{f_1} = (1 - 0.057 - j0.066) \times 0.711 e^{-j5.77} + 0.57 + j0.066 = 0.721 e^{-j3.82}$$

若链形回路的 R 取电站地网的电阻 $0.5\ \Omega$，则有：

$$\dot{b} = \frac{3.807}{3 \times 0.5} e^{j33.09} = 2.538 e^{j33.09} = 2.126 + j1.386$$

$$e^{-\dot{\beta}} = \frac{1 - \sqrt{\dfrac{2.538 e^{j33.09}}{4 + 2.126 + j1.386}}}{1 + \sqrt{\dfrac{2.538 e^{j33.09}}{4 + 2.126 + j1.386}}} = 0.239 e^{-j12.73} = 0.233 - j0.053$$

$$K_{e_1} = (1 - 0.057 - j0.066) \times 0.239 e^{-j12.73} + 0.057 + j0.066 = 0.2731 e^{-j0.15}$$

可见地网和杆塔的接地电阻对站内短路时的分流系数有很大的影响。

实际上，地网的接地电阻 R_z 都小于杆塔的接地电阻 R，不难看出，当 R_z 为零时，分流将在 0 号杆一次完成，即 $\dot{I}_{B10}$ 在 $n=1$ 时就会达到稳定值，因而有：

$$\dot{I}_{B10} = \frac{\dot{Z}_{M0}}{\dot{Z}_{L0}} \dot{I}_{S0} \tag{4.52}$$

此时分流系数将为：

$$K_{e_1} = \frac{\dot{Z}_{M0}}{\dot{Z}_{L0}} \tag{4.53}$$

显然按(4.53)式计算的结果是偏于安全的。

对图 4.5 的杆塔来说，当避雷线为钢绞线时可得：

$$K_{e_1} = \frac{0.332 e^{j82.21}}{3.807 e^{j33.09}} = 0.082 e^{j49.12} \tag{4.54}$$

当避雷线为铜绞线时则有：

$$K_{e_1} = \frac{0.3 \times 1.1107 e^{j82.21}}{0.3 \times 2.82 e^{j62.07}} = 0.394 e^{j20.14} \tag{4.55}$$

可见，用良导体做避雷线时，可使分流作用大大提高。

2. 变电站外短路时的分流系数 K_{e_2}

设接地发生在距电站为 s 个挡距处，取短路发生处为 0 号杆，只要把(4.46)式中的 $\dot{I}_{s0}$ 换成 $\dot{I}_{Z0}$ 即可得到站外短路时零序电流沿导线的分布，即：

$$\dot{I}_{Bn0} = \frac{e^{\dot{\beta}(s+1)} e^{-\dot{\beta}} - e^{-\dot{\beta}(s+1)} e^{\dot{\beta}}}{e^{\dot{\beta}(s+1)} - e^{-\dot{\beta}(s+1)}} \cdot \left(1 - \frac{\dot{Z}_{M0}}{\dot{Z}_{L0}}\right) \dot{I}_{Z0} + \frac{\dot{Z}_{M0}}{\dot{Z}_{L0}} \dot{I}_{Z0} \tag{4.56}$$

由此可得站外短路时避雷线的分流系数 K_{e_2} 为：

$$K_{e_2} = \frac{\dot{I}_{BS}}{\dot{I}_Z} = \frac{\dot{I}_{(BS)0}}{\dot{I}_{Z0}} = \frac{e^{\dot{\beta}} - e^{-\dot{\beta}}}{e^{\dot{\beta}(s+1)} - e^{-\dot{\beta}(s+1)}} \left(1 - \frac{\dot{Z}_{M0}}{\dot{Z}_{L0}}\right) + \frac{\dot{Z}_{M0}}{\dot{Z}_{L0}} \tag{4.57}$$

经计算表明,只要接地短路点距电站有 $10\sim20$ 个的挡距时(相当于进线保护段的首端发生接地短路),(4.57)式中的第一项所起的作用已很小。还以图 4.6 的杆塔为例,若用钢绞线作避雷线并取杆塔的平均接地电阻为 $10\ \Omega$,则当 $s=10$ 时将有:

$$\frac{e^{\dot\beta}-e^{-\dot\beta}}{e^{11\dot\beta}-e^{-11\dot\beta}}\left(1-\frac{\dot Z_{M0}}{\dot Z_{L0}}\right)=0.0103-j0.0125 \tag{4.58}$$

$$K_{e_2}=0.103$$

当 $s=20$ 时则有:

$$\frac{e^{\dot\beta}-e^{-\dot\beta}}{e^{21\dot\beta}-e^{-21\dot\beta}}\left(1-\frac{\dot Z_{M0}}{\dot Z_{L0}}\right)=0.00055-j0.0029$$

$$K_{e_2}=0.10898$$

因此站外短路时的分流系数也可近似为:

$$K_{e_2}=\frac{\dot Z_{M0}}{\dot Z_{L0}} \tag{4.59}$$

显然按(4.59)式计算的结果也是偏安全的。

4.3.2　用 EMTP 程序计算分流系数

从上面的分析可以看出,分流系数的计算问题,实际上是求解系统零序网络的问题。用上面介绍的求解零序网络的方法,是建立在许多假设基础上的,其计算结果有一定的局限性。由于 EMTP 电磁暂态程序具有计算暂态和稳态的功能,且计算速度快,精度高,利用 EMTP 电磁暂态程序对系统的零序网络进行求解,可以避免过多的假设而造成的计算误差。以下以某 500 kV 变电站为例加以分析计算。

1. 分流系数的计算模型

(1)当接地短路故障发生在终端站内时,其零序等值网络如图 4.8 所示。

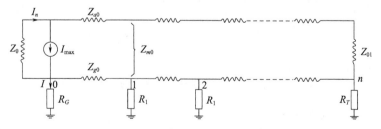

图 4.8　接地短路故障发生在终端站内的零序等值网络

图中:R_i——线路杆塔接地电阻;

　　　R_T——系统的接地电阻;

R_G——发电厂、变电站地网的接地电阻(Ω)；

Z_{a0}——线路三相导线每一挡的零序自阻抗(Ω)；

Z_{a0}——避雷线每一挡的零序自阻抗(Ω)；

Z_{m0}——导线与避雷线每一挡的零序互阻抗(Ω)；

Z_0，Z_{01}——变电站、系统电源的零序阻抗(Ω)；

I_{max}——最大单相接地短路电流(A)。

(2)当接地短路故障发生在枢纽站时，该站为一回进线和一回出线，其零序等值网络如图 4.9 所示。

(3)当接地短路故障发生在枢纽站时，该站为一回进线和二回出线，其零序等值网络如图 4.10 所示。

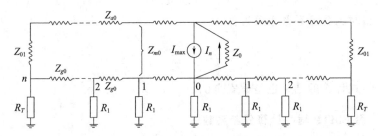

图 4.9　接地短路故障发生在枢纽站内的零序等值网络

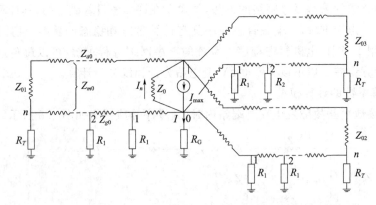

图 4.10　接地短路故障发生在枢纽站内的零序等值网络

2. 分流系数的影响因素

从等值计算模型来看，避雷线—杆塔接地系统的分流系数，不仅与系统零序等值网络的结构有关，而且与网络中元件的参数有关，任意元件参数的变化都会引起短路电流的分布发生变化，"避雷线—杆塔"接地系统分流系数的影响因素主要有：

(1)避雷线(架空地线)的零序自阻抗 Z_{g0}；

(2)输电导线的零序自阻抗 Z_{a0}；

(3)避雷线与导线间的零序互感抗 Z_{mo}；

(4)输电线路杆塔接地电阻 R_i；

(5)变电站地网接地电阻 R_G；

(6)短路点的位置；

(7)系统电源(或等值电源)的数目及运行方式。

这些因素中,(1)(2)(3)实际上与避雷线、导线的型号,尺寸、布置方式、避雷线根数以及线路所经过地区的土壤电阻率等有关,为简化分析,选用 500 kV 线路的典型布置,导线为四分裂三相水平布置,避雷线为两根,且不对地绝缘,如图4.11 所示。线路经过区域的土壤电阻率为 100 $\Omega \cdot m$。

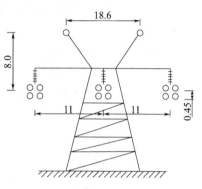

图 4.11　500 kV 线路杆塔的典型结构
(单位:m)

3. 计算结果及分析

根据上面的零序等值网络和典型的线路结构、参数,利用 EMTP 程序,就上述影响因素的变化对分流系数的影响进行计算分析。分别站内、站外发生单相接地短路时两种情况下的分流系数进行计算,并着重研究分流系数随变电站接地网接地电阻、杆塔接地电阻、系统地网接地电阻、避雷线型号、站外短路点位置等变化的规律。

若接地故障点的电流为 I_{max},流经地网的入地故障电流为 I,由变压器中性点流回的电流为 I_n,当站内发生短路时,避雷线—杆塔接地系统分流系数为:

$$K_{e_1} = \frac{I_{max} - I_n - I}{I_{max} - I_n} \tag{4.60}$$

当站外发生短路时,避雷线—杆塔接地系统的分流系数为:

$$K_{e_2} = \frac{I_n - I}{I_n} \tag{4.61}$$

计算时,导线选用 $4 \times LGJ-400/35$,避雷线分别选用 GJ-35,GJ-50、GJ-70、LHAGJ-95 四种,线路挡距取 400 m,则每一挡距下导线零序自阻抗、避雷线零序自阻抗以及导线与避雷线间的零序互感抗分别为:

$Z_{a0} = 0.0697 + j0.4137, \Omega$；

$Z_{g0} = 2.982 + j1.505, \Omega, GJ-35$；

$Z_{g0} = 2.16 + j1.499, \Omega, GJ-50$；

$Z_{g0} = 1.46 + j1.492, \Omega, GJ-70$；

$Z_{g0} = 0.264 + j0.576, \Omega, \text{LHAGJ-95}$;

$Z_{m0} = 0.06 + j0.372, \Omega$。

计算时取 $Z_0 = Z_{01} = Z_{02} = j100\ \Omega$(计算时发现,当改变 Z_0、Z_{01}、Z_{02} 时,对分流系数的影响很小,故将 Z_0、Z_{01}、Z_{02} 取为 $100\ \Omega$)。

(1)短路发生在变电站内

① 线路挡数变化时对分流系数影响

分流系数随线路挡数变化的曲线如图 4.12 所示,计算时取值分别为 $R_i = 15.0\ \Omega$,$R_G = 0.5\ \Omega$,$R_T = 0.5\ \Omega$。

从图 4.12 中可看出,随着线路挡数(即线路长度)的增加,分流系数减小,在线路挡数大于 15 以后,分流系数趋于一稳定值。所以,虽然实际输电线路挡数远远大于 15,在计算分流系数时,线路挡数取 20,足以满足工程的需要。

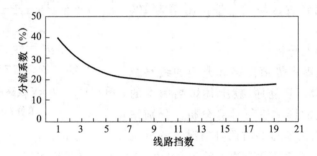

图 4.12　分流系数随线路挡数的变化

② 变电站为终端站时,不同避雷线型号下的分流系数 K 计算结果如图 4.13～图 4.16 所示。各图中 5 条曲线从上到下分别表示 $R_G = 1.25\ \Omega$,$1.0\ \Omega$,$0.75\ \Omega$,$0.50\ \Omega$,$0.25\ \Omega$ 时,分流系数随挡数的变化。

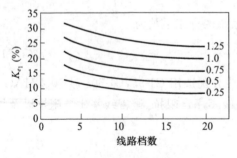

图 4.13　GJ-35 型避雷线分流系数
随线路档数的变化

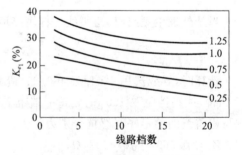

图 4.14　GJ-50 型避雷线分流系数
随线路档数的变化

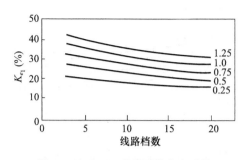

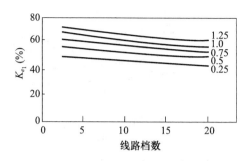

图 4.15　GJ-70 型避雷线分流系数
随线路档数的变化

图 4.16　LHAGJ-95 型避雷线分流系数
随线路档数的变化

③ 变电站为一回进线和一回出线的枢纽站时，不同避雷线型号下的分流系数 K_{e_1} 计算结果如图 4.17～图 4.20 所示。

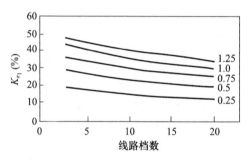

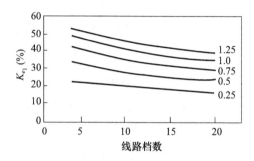

图 4.17　GJ-35 型避雷线分流系数
随线路档数的变化

图 4.18　GJ-50 型避雷线分流系数
随线路档数的变化

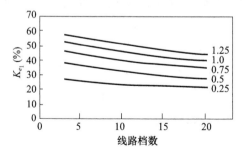

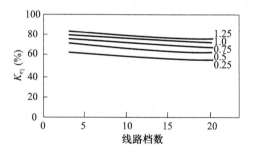

图 4.19　GJ-70 型避雷线分流系数
随线路档数的变化

图 4.20　LHAGJ-95 型避雷线分流系数
随线路档数的变化

④ 变电站为一回进线和二回出线的枢纽站时，不同避雷线型号下的分流系数 K_{e1} 计算结果如图 4.21～图 4.24 所示。

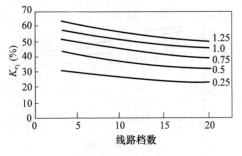

图 4.21　GJ-35 型避雷线分流系数
随线路档数的变化

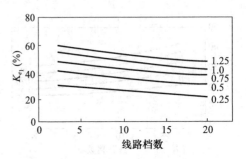

图 4.22　GJ-50 型避雷线分流系数
随线路档数的变化

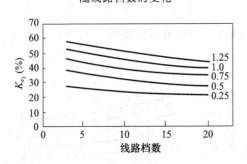

图 4.23　GJ-70 型避雷线分流系数
随线路档数的变化

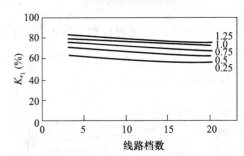

图 4.24　LHAGJ-95 型避雷线分流系数
随线路档数的变化

(2)短路发生在变电站外

① 短路点位置对分流系数的影响

以图 4.13 所示的模型进行计算,假定避雷线选用 GJ-50,杆塔接地电阻 $R_i = 10\ \Omega$,系统及变电站的地网接地电阻为 0.5 Ω,则分流系数随短路点位置变化曲线如图 4.25 所示。

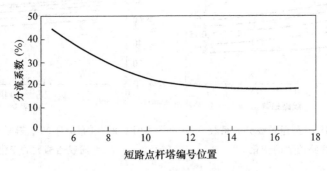

图 4.25　分流系数随短路点变化曲线

从图中曲线可以看出,随着短路点与变电站距离的增大,分流系数 K_{e_2} 随之减小,但当短路点位置在 16 基杆塔以后,分流系数 K_{e_2} 趋于稳定,为了计算的方便,以下计算均将短路点位置设置在第 16 基杆塔,因此时的分流系数最小,使接地设计趋于严格。

② 变电站为终端站时(如图 4.13 所示,将图中的电流源移至第 16 号杆塔),不同避雷线型号下的分流系数 K_{e_2} 计算结果如图 4.26～图 4.29 所示。

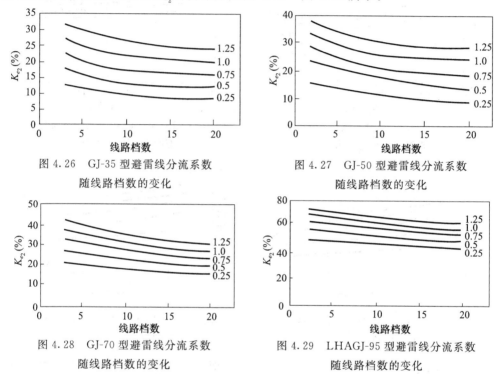

图 4.26　GJ-35 型避雷线分流系数
随线路档数的变化

图 4.27　GJ-50 型避雷线分流系数
随线路档数的变化

图 4.28　GJ-70 型避雷线分流系数
随线路档数的变化

图 4.29　LHAGJ-95 型避雷线分流系数
随线路档数的变化

③ 当变电站为一回进线和一回出线的枢纽站时(如图 4.14 所示,将图中的电流源移至任意一回线路的第 16 号杆塔),不同避雷线型号下的分流系数 K_{e_2} 的计算结果如图 4.30、图 4.31 所示。

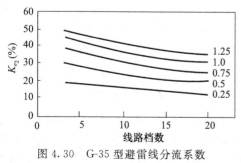

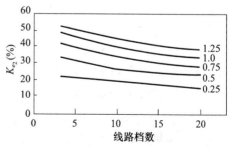

图 4.30　G-35 型避雷线分流系数
随线路档数的变化

图 4.31　GJ-50 型避雷线分流系数
随线路档数的变化

④ 当变电站为一回进线二回出线的枢纽站时(如图 4.15 所示,将图中的电流源移至任意一回线路的第 16 号杆塔),不同型号避雷线的分流系数 K_{e_2} 的计算结果如图 4.32～图 4.37 所示。

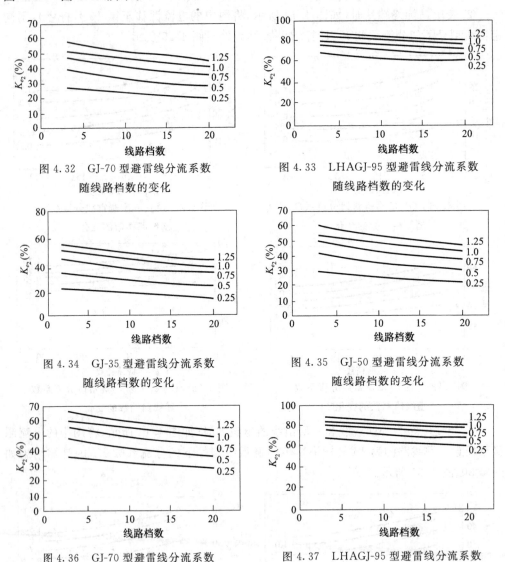

图 4.32　GJ-70 型避雷线分流系数
随线路档数的变化

图 4.33　LHAGJ-95 型避雷线分流系数
随线路档数的变化

图 4.34　GJ-35 型避雷线分流系数
随线路档数的变化

图 4.35　GJ-50 型避雷线分流系数
随线路档数的变化

图 4.36　GJ-70 型避雷线分流系数
随线路档数的变化

图 4.37　LHAGJ-95 型避雷线分流系数
随线路档数的变化

分析以上曲线可以看出,对分流系数影响较大的因素主要有:变电站地网接地电阻、线路杆塔接地电阻和避雷线的导电性。无论短路发生在站内还是站外,分流系数随变电站地网接地电阻的增大而增大;随杆塔接地电阻的增大而减小;当避雷线截面增大

（即避雷线导电性增强），分流系数也随之增大；在其他情况都相同时，站内、站外短路的分流系数基本相同，这与其他文献的结果相同。计算中还发现，当改变导线和变压器零序参数时，对分流系数的影响很小。以单回进线为例，不同避雷线型号下分流系数随变电站地网接地电阻 R_G 和线路杆塔接地电阻 R_i 的变化规律用曲线表示，如图 4.38 和图 4.39 所示。K_{e1} 随变电站进出线回数的变化曲线如图 4.40 所示。

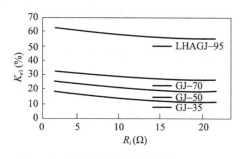

图 4.38　K_{e_1} 随 R_i 变化曲线（$R_G = 0.5\ \Omega$）

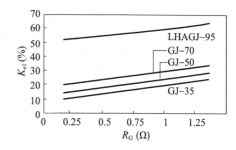

图 4.39　K_{e_1} 随 R_G 变化曲线（$R_i = 0.5\ \Omega$）

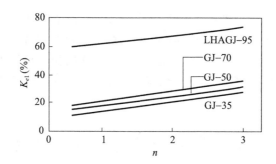

图 4.40　K_{e_1} 随变电站进出线回数的变化曲线（$R_i = 15\ \Omega, R_G = 0.5\ \Omega$）

通过分析以上曲线可以看出：

（1）随着杆塔接地电阻的增加，分流系数是逐渐减小的，当杆塔接地电阻增加到 20 Ω 时，分流系数趋于定值。

（2）分流系数随电站地网接地电阻增加而增大。

（3）分流系数随发电厂、变电站进出线回数增加而成比例增大。

（4）无论系统接地电阻如何变化，分流系数基本保持不变。

（5）在其他情况相同时，站内、站外发生短路的分流系数基本相等。

（6）避雷线参数对分流系数影响很大，避雷线导电性能越好，分流系数就越大，反之则越小。

4. 计算时应注意的几个问题

由于发电厂、变电站的最大入地短路电流与多个因素有关，在计算发电厂、变电站最大短路电流时,可以先确定杆塔的接地电阻要求值,再计算接地网的接地电阻,将得到的与实际比较接近的值来计算最大短路电流,最后完成接地网的最大接触电压、最大跨步电压、地面电位分布等计算。计算分流系数时,还应注意以下问题:

(1)从安全角度考虑,在设计发电厂、变电站接地网时,应遵循最小分流系数原则,即在计算流经接地网的接地故障电流时,只考虑发电厂、变电站为一回进线时的情况。在此原则下,站内、站外发生短路时,其分流系数基本相等,分流系数可以只计算站内短路或站外短路的情况。

(2)若避雷线对地绝缘,在计算入地故障电流时,就不考虑避雷线—杆塔接地系统的分流,即分流系数取为零。

(3)在发电厂、变电站有多个电压等级的进出线时,应按单相接地短路电流最大的那一电压等级的进出线来计算其相应的分流系数及地网入地故障电流,其他电压等级的进出线不必考虑。

(4)在计算开关站入地故障电流时,由于站外短路的电流不会流经其接地网,因此,只考虑站内短路的情况。

由系统的零序网络图,利用 EMTP 电磁暂态计算程序能很方便地计算出在系统发生单相接地短路故障时"避雷线—杆塔"接地系统的分流系数和经发电厂、变电站接地网流散的电流。虽然分流系数的计算是以 500 kV 线路作为计算模型,但杆塔结构对避雷线和导线的零序参数影响很小,所以其他电压等级下的分流系数,也可以近似取以上结果。

4.4　接地网均压导体的不等间距布置方式

4.4.1　采用不等间距布置的优点

在以往的接地设计中,接地网的均压导体都是按 3 m、5 m、7 m、10 m 等间距布置的,由于端部和邻近效应,按等间距布置的地网其地面上电位分布很不均匀,地网边角处,网孔接触电势远比中心网孔接触电势高,而且这种差值随地网面积和网孔数的增加而加大。根据理论分析、计算和模拟试验结果表明,采用不等间距布置地网,即从地网边缘到中心,导体间距按一定的规律逐渐增加,就能使各网孔电势大致相等,如图 4.41、图 4.42 所示。这样既提高了安全水平,而且也便于安全设计。此外,采用不等间距布置与常规的等间距布置相比可以节省大量的钢材和施工费用,且土壤电阻率愈高,地网面积愈大,效益愈显著,例如四川二台山 220 kV 开关站和浙江瓶窑 500 kV 变电站分别节约钢材及施工费用 40% 以上。

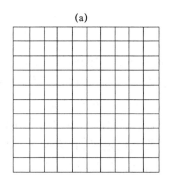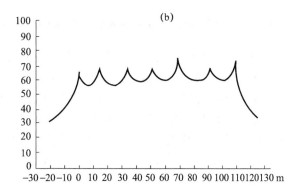

图 4.41　等间距布置(a)及其电位分布图(b)

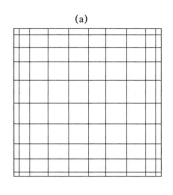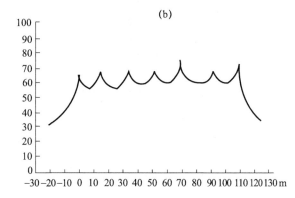

图 4.42　不等间距布置及(a)其电位分布图(b)

　　表 4.2 表示在同样的最大接触电势下,同样面积的接地网,采用等间距布置和采用不等间距布置均压导体时,使用钢材量的比较。

表 4.2　使用钢材量都比较

地网面积	等间距			不等间距			节约百分数(%)
$L_1 \times L_2$ (m²)	导体根数 $n=n_1+n_2$	$V_{j\max}$ (kV)	钢材用量 L(m)	导体根数 $n=n_1+n_2$	$V_{j\max}$ (kV)	钢材用量 L(m)	
120×80	$n_1=9\ n_2=13$	1.930	2120	$n_1=6\ n_2=9$	1.800	1440	34.0
120×120	$n_1=n_2=11$	1.667	2640	$n_1=n_2=7$	1.680	1680	36.4
240×240	$n_1=n_2=11$	0.978	5280	$n_1=n_2=7$	0.993	3360	36.4
180×180	$n_1=n_2=19$	0.868	6840	$n_1=n_2=10$	0.800	3600	47.4
120×120	$n_1=n_2=16$	1.304	3840	$n_1=n_2=9$	1.252	2160	43.8
240×240	$n_1=n_2=11$	0.773	7680	$n_1=n_2=9$	0.746	4320	43.8

　　$L=L_1 \times n_1 + L_2 \times n_2$,$V_{jamx}$:最大接触电势

4.4.2　用不等间距布置地网均压导体的设计方法

在设计时采用尝试的办法来确定均压导体的总根数和总长度,即先假设沿地网长和宽方向的导体根数 n_1 和 n_2 进行试算,若接触电势不满足要求,增加 n_1 和 n_2,再算,直到接触电势满足规程要求为止。一般可采取均压导体间距为 10 m 左右试算,做技术经济比较后再增加或减少导体的根数。如图 4.43 所示,当确定了地网长方向的导体根数 n_1 和宽方向的导体根数 n_2 之后,则地网长宽方向的分段数就确定了:长方向上导体分段数为 $k_1 = n_2 - 1$,宽方向上的导体分段数为 $k_2 = n_1 - 1$,然后按(4.62)式求出各分段导体的长度。

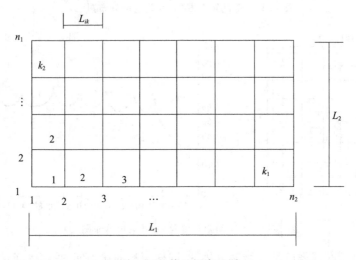

图 4.43　接地网布置图

$$L_{ik} = L \times S_{ik} \tag{4.62}$$

式中:L——地网边长,长方向 $L = L_1$,宽方向 $L = L_2$,单位:m;

　　　L_{ik}——第 i 段导体长度,单位:m;

　　　S_{ik}——第 i 段导体长度 L_{ik} 占边长 L 的百分数。

(4.62)式中 S_{ik} 可以用以下两种方法来确定。

(1)查表法

表 4.3 列出了 S_{ik} 随 i 与 k 变化的数值。如当 $k = 7$ 时,

$$S_{17} = 7.14\%, S_{27} = 13.57\%$$

$$S_{37} = 18.57\%, S_{47} = 21.43\%$$

须指出,由于地网的对称性,若某方向导体分段数 k 为奇数,则表中列出了 $(k/2) + 1$ 个数据,若 k 为偶数,则表中列出了 $k/2$ 个数据,其余的 S_{ik} 按对称性赋值,如 $k = 7$ 时,

$$S_{57}=18.57\%,S_{67}=13.57\%,S_{77}=7.14\%$$

当 S_{ik} 确定后，再按(4.62)式算出导体各分段长度，这样就确定了整个地网的导体布置。

表 4.3　S_{ik} 与 i，k 的关系

k \\ i	1	2	3	4	5	6	7	8	9	10
3	27.50	45.00								
4	17.50	32.50								
5	12.50	23.33	28.33							
6	8.75	17.50	23.75							
7	7.14	13.57	18.57	21.43						
8	5.50	10.83	15.67	18.00						
9	4.50	8.94	12.83	15.33	16.73					
10	3.75	7.50	11.08	13.08	14.58					
11	3.18	6.36	9.54	11.36	12.73	13.46				
12	2.75	5.42	8.17	10.00	11.33	12.33				
13	2.38	4.69	6.77	8.92	10.23	11.15	11.69			
14	2.00	3.86	6.00	7.86	9.28	10.24	10.76			
15	1.56	3.62	5.35	6.82	8.07	9.12	10.01	10.77		
16	1.46	3.27	4.82	6.14	7.28	8.24	9.07	9.77		
17	1.38	2.97	4.35	5.54	6.57	7.47	8.24	8.90	9.47	
18	1.14	2.58	3.86	4.95	5.91	6.67	7.50	8.15	8.71	
19	1.05	2.32	3.47	4.53	5.47	6.26	6.95	7.53	8.11	8.36
20	0.95	2.15	3.20	4.15	5.00	5.75	6.40	7.00	7.50	7.90

表中：k—导体分段数，长方向 $k=k_1$，宽方向 $k=k_2$

(2)S_{ik} 的计算方法

S_{ik} 可按(4.63)式计算，即：

$$S_{ik}=b_1\times e^{-b_2}+b_3 \tag{4.63}$$

式中：b_1、b_2、b_3 均为常数，其确定方法如下：

当 $7\leqslant k\leqslant 14$ 时，

$$b_1=-1.8066+2.6681\lg k-1.0719\lg^2 k$$

$$b_2=-0.7649+2.6692\lg k-1.6188\lg^2 k$$

$$b_3=1.852-2.8568\lg k+1.1948\lg^2 k$$

当 $14 \leqslant k \leqslant 25$ 时，

$$b_1 = 0.0064 - \frac{2.50923}{k+1}$$

$$b_2 = -0.03083 + \frac{3.17003}{k+1}$$

$$b_3 = 0.00967 + \frac{2.21653}{k+1}$$

当 $25 \leqslant k \leqslant 40$ 时，

$$b_1 = 0.0006 - \frac{2.50923}{k+1}$$

$$b_2 = -0.03083 + \frac{3.17003}{k+1}$$

$$b_3 = 0.00969 + \frac{2.2105}{k+1}$$

4.5 GIS 装置的接地

气体绝缘变电站 GIS(Gas Insulated Substations)，也称为全封闭组合电器。它是一种结构紧凑的多单元成套装置，密封于接地的金属壳内，其内部的主要绝缘介质为压缩气体，如 SF_6 通常由母线、断路器、隔离开关、互感器以及有关设备或部件组成，其接地系统是重要的组成部分。运行情况表明，许多 GIS 装置的故障往往出自接地系统。因此，有必要了解 GIS 装置接地的特点和存在的问题，便于在实际工作中对 GIS 装置的接地不断改进和完善，以保证 GIS 装置能够安全，可靠地运行。

4.5.1 GIS 装置接地的特点

GIS 装置是采用压缩气体(如 SF_6)作为电气绝缘，所占场地面积仅为常规电气设备占地面积的 $10\% \sim 25\%$。由于母线、断路器、隔离开关等电气设备是封装在金属外壳里面，设备带电时，会在金属外壳中感应出较大的电流，因此，用常规办法就很难满足接地的要求。这里所说的 GIS 装置的接地，主要指安全接地，即保护接地，它有以下一些特点：

(1)因为 GIS 占地面积小，其接地装置的面积都不大，这就给接地要满足接地电阻低的要求带来了困难。

(2)为了防止过多的感应电流流进邻近的机座或钢筋结构，应采取防护措施，以避免通过变电站其他设备，如变压器、隔离开关，形成电流回路。如果通过接地连接线有可能形成不利的电流回路，或者如有任何持续电流可能部分地闭合或通过接地结构，则变电站的接地方案和具体布置要重新考虑。

(3)当变压器连接到 GIS 装置的外壳接地电路的断口附近,以及连接点到常规开关的外壳接地电路的断口附近,都必须加以注意,采取措施,防止在开关和变压器外壳上产生环流。

(4)局部接地装置与 GIS 外壳接地系统之间可能出现较大的电位差,要求采用的绝缘元件都能承受这些电位差。例如在设计时通常考虑采用高压陶瓷或玻璃纤维制作的支柱绝缘子,使个别高压或超高压电缆终端套管能与 GIS 外部接地装置隔离开来,但如果在其他连接点上也期望有同样的绝缘水平,有时会发生一些问题。比较典型的问题就是个别 GIS 的电缆终端套管的油箱与管装电缆终端的油扩散箱之间的辅助管线的布置问题,因为在管装电缆终端常常有支管分岔到各种油压监测仪表和报警装置。因此,对这里金属部件的绝缘往往采用陶瓷或塑料衬套来解决。

(5)GIS 占地面积小,空间有限,变电站内的大部分面积被混凝土基础占据,因而会引起故障电流的扩散路径不规则。

(6)GIS 装置基础中,钢筋与其他金属埋件等自然接地体,都能被作为辅助接地极。

4.5.2　环流与涡流

GIS 装置中的各个组件密闭在金属外壳中,当母线中有电流流过时,就会在母线的金属外壳上产生感应电压,若形成回路,在该回路中就有感应电流产生,常常把这种电流称为环流。

一般来说,母线外壳有两种形式:一种是连续型外壳,即沿同相导体安装的连续段都是彼此连接的外壳,与其他相的外壳的交叉连接只在特殊需要的地方和少数几个中间点上安装,以便在整个外壳长度上提供一条在电气上连接的电流路径。另一种是非连续型外壳,它沿着同相导线外壳的各相继部分在电气上是隔离的(或彼此绝缘的),因而没有电流流出每一个外壳段。

如每一相的外壳是分开的,则外壳中感应的环流的大小和方向受外壳尺寸和母线间的相间距离以及外壳相互连接的方法的影响。

在连续型外壳中,母线电流感应出电压从而产生外壳中的纵向电流(环流),该电流通过邻近各相的外壳又流回来,如图 4.44 所示。当所有相的外壳在两端的短接中都保持连续并且各相负荷相等时,外壳电流仅比内部母线中的反向电流稍小些,反向电流滞后外壳电流线 90°,磁通主要包含在外壳内。环流的存在会使 GIS 金属外壳的不同部位的对地电位有所不同。虽然最终的电位差并不大且一般不会造成电击,但邻近外壳偶然的金属桥接会产生令人讨厌的电火花。

对于非连续型外壳,外壳中的电流不存在外部回流路径,因此,外壳中内部母线的电流在非连续型外壳中感应的电压不可能产生纵向电流。每个外壳上也可由其他相导线的电流感应出电压。非均匀电压在每一个绝缘外壳段上产生局部电流,电流也是非均匀的。正是由于这些特性,一般认为非连续型设计不如连续型好,目前工程上尚未普遍采用。

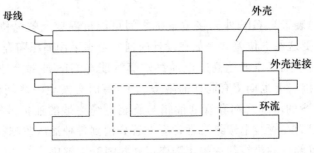

图 4.44　连续型外壳

外壳中感应出环流的同时,也将感应出涡流,所谓涡流是指由于母线电流的变化而使通过外壳截面的磁通量发生变化而感应的电流,它是一种横向电流,如图 4.45 所示。

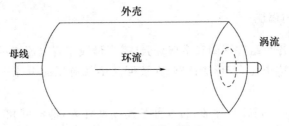

图 4.45　非连续型外壳

从上面的分析可以看出,当母线中有电流流过时,在 GIS 外壳上产生的电压有两类:一类是纵向感应的共模电压;另一类是涡流引起的横模电压。假定这两类电压模式都是可以叠加的。首先分析横模电压,对任何外包导体的非磁性管式屏蔽来说,在某种程度上,将有一个交变磁场,这个交变磁场是由于电流流入导体所产生的。因而多少可以减弱该磁场对其他外部导体的磁效应。这种屏蔽效应,完全是由于导体的垂直平面内涡流循环的缘故,就好像由圆形段组成的外壳没有纵向电流流经它们中间一样。同时,由于这种电流本身的磁场能平衡与抵消内部导体磁场,因此整个外壳两端无论是否接地,都将产生横向电压。但是,在工频时,对具有实用厚度的非磁外壳来说,不能提供足够大的屏蔽,其感应电压只不过几伏,相对屏蔽效应通常会小于 10%。由于具有连续构造的 GIS 外壳是按 80%~90% 的效率设计,因此其主要屏蔽效应是由于在闭合回路中,通过各相的外壳及连接器的电流纵向环流时所引起,按照这一观点,有理由做出下列假定:

（1）有关连续型外壳涡流效应对电压因素的影响完全可忽略不计；

（2）任一相内部导体对其他任何外部导体的耦合，可以认为不受其本身外壳涡流的屏蔽效应的影响。

下面就讨论纵向效应的问题，按图 4.46 来研究两个基本电路模型。

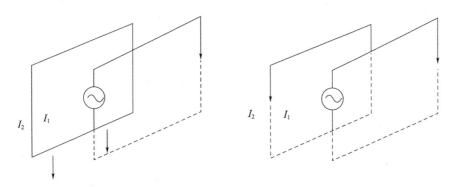

图 4.46　电路模型

任一种回路都表明了由下列方程所描述的两个耦合回路系统

$$0 = Z_m I_1 + Z_e I_2 \tag{4.64}$$

$$V_S = Z_i I_1 + Z_m I_2 \tag{4.65}$$

式中：Z_i——有接地回流的相导线的自阻抗；

　　Z_e——外壳的自阻抗；

　　Z_m——相导线和外壳之间的互阻抗。

对 I_2，解上述方程即可得出由电源看进去的视在回路阻抗和 I_2 相对于 I_1 大小和方向的表达式：

$$I_2 = -\frac{Z_m}{Z_e} I_1 \tag{4.66}$$

$$V_S = I_1 Z \tag{4.67}$$

$$Z = Z_i - \frac{(Z_m)^2}{Z_e} \tag{4.68}$$

该结果也可以通过理想变压器的 T 型等效电路来说明，如图 4.47 所示。

若电流回路包括接地连接和外壳连接圈，由回路阻抗根据（4.50）式确定。若只有很少的或没有电流流入接地连接线，并且大部分经过外壳回流，则回路阻抗接近于：

$$Z' = Z_i + Z_e - 2Z_m \tag{4.69}$$

这一结果相当于取掉了图 4.47b 中的接地分支。

在实际情况中，问题要复杂得多，因为以常出现多重回路和相当大的相互耦合，无疑给计算纵向电流即环流带来困难。工程上常用简化的方法来获得粗略的计算。

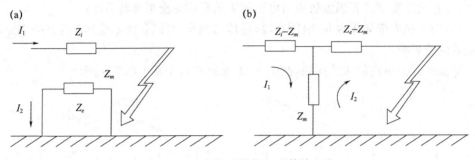

图 4.47　理想变压器的 T 型等效电路

4.5.3　GIS 的接触电势

在 GIS 接地分析中,与常规电气设备不同,GIS 装置的特点是它具有金属封装的气体绝缘开关和内部高压母线排。每根母线都完全封装在外壳内,且外壳接地。由于电流在轴向母线排上流过时,外壳上有感应电压,因此外壳的某些部分与变电站的地不是同电位。为了估计故障期间母线外壳上产生的最高电压,必须确定外壳对地的电感,内部导体的电感以及各母线在特定相结构时的互感。

一般来说,接触 GIS 外壳的人承受两种基本故障所发生的电压。

(1)气体绝缘母线系统的内部故障,如母线导体和外壳内壁间的闪络。

(2)GIS 装置的外部故障,在这种故障中故障电流流过气体绝缘母线并在外壳中感应电流。

由于人可能站在接地网上的地面,事故回路可能包括手与手和手与脚两种电流路径,因此 GIS 接地分析必须考虑另一个问题,即金属—金属接触时所允许的接触电势。

如果故障期间设备外壳与接地之间的电位超过 $60\sim130$ V,大多数 GIS 装置制造厂家已考虑了外壳的合理设计及良好接地。据接触电压的标准,按下面两式计算:

$$E_{\text{touch}}50=[1000+1.5c(\rho)]\times0.116/\sqrt{t} \tag{4.70}$$

$$E_{\text{touch}}70=[1000+1.5c(\rho)]\times0.157/\sqrt{t} \tag{4.71}$$

将 $\rho=0$ 代入上式,如果采用 50 kg 的标准,这一电压范围相当于故障时间 $0.3\sim3.2$ s,如果采用 70 kg 的标准,故障时间范围为 $1.46\sim5.8$ s。这种关系从图 4.48 中可清楚地看出,也可以帮助掌握有关充足的安全裕度的问题。

对于金属—金属接触,由(4.70)式和(4.71)式可得:

$$E_{\text{touch}}50=116/\sqrt{t} \tag{4.72}$$

$$E_{touch}70 = 15/\sqrt{t} \tag{4.73}$$

为了确定和验证 GIS 安全接地的临界设计参数,下面将详细地讨论故障条件和相应的等值回路。

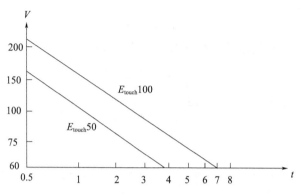

图 4.48　金属—金属接触时接触电压限制和外壳对地电压

1. 内部故障

在单母线排上,母线内有 3 个可能的故障点。

(1)B 点外壳接地,闪络发生在图 4.49 中的 A 点。

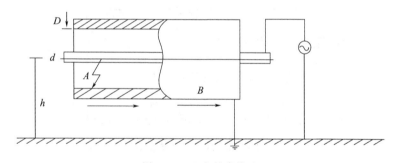

图 4.49　B 点外壳接地

因为在外壳外部只存在最小的磁场,同时大部分磁通保留在作为同轴电缆的外皮内,此必须考虑外皮电阻和电感,根据(4.69)式有关电阻性和电感性压降为:

$$V_{ER} = LR_E I \tag{4.74}$$

$$V_{EL} = jL(4.61\omega \times 10^{-7})\log_{10}\left[\frac{(GMR - r_0)^2}{r_0 GMR}\right]I \tag{4.75}$$

上两式中:r_0——内母线等效半径,取 $r_0 \approx 0.9d/2$,母线直径,单位:m;

$\qquad GMR$——外壳的几何平均直径,$GMR = D$,单位:m;

$\qquad I$——母线中的电流(A);

R_E——单位长度外壳的电阻(Ω/m)；

　　L——外壳长度(m)；

　　ω——$2\pi f$，f 频率(Hz)。

沿外壳总压降为：

$$V_E = (V_{ER}^2 + V_{EL}^2)^{1/2} \tag{4.76}$$

(2) A 点外壳接地，闪络发生在图 4.50 中的 B 点：

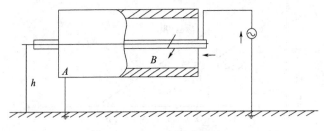

图 4.50　A 点外壳接地

因为此处外壳电感是主要的，因此电阻可以忽略。电压降为：

$$V_E = V_{E-G} = jL(4 \cdot 61\omega \times 10^{-7})\log_{10}(2h/GMR)I \tag{4.77}$$

(3) 外壳在两端接地，闪络发生在 A 点和 B 点之间，如图 4.51 所示。

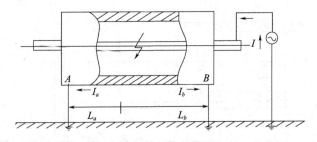

图 4.51　外壳在两端接地

　　对 A，B 点之间任何地方的故障，故障电流将按照对地的实际阻抗分配。因此只要对于左侧和右侧电流 I_a 和 I_b，满足下面的条件，纵向电压将为最大值：

$$V = Z_A I_a \approx Z_B I_b \tag{4.78}$$

$$I = I_a + I_b \tag{4.79}$$

由(4.75)式和(4.77)式来确定 Z_A、Z_B，对于未知的 L_a 和 L_b(且 $L_a + L_b = L_{AB}$)的解为：

$$L_a = \frac{1 - \sqrt{Z_a/Z_b}}{1 - Z_a/Z_b} L_{AB} \tag{4.80}$$

$$L_b = \frac{1 - \sqrt{Z_a/Z_b}}{1 - Z_a/Z_b} L_{AB} \tag{4.81}$$

式中: Z_a、Z_b 为每单位长度的值。在接地点 A 与 B 之间外壳的总长度与 Z_A、Z_B 关系为:

$$Z_A = L_a Z_a \tag{4.82}$$

$$Z_B = L_b Z_b \tag{4.83}$$

$$L_{AB} = L_a + L_b \tag{4.84}$$

如果 $Z_a = Z_b$,内部故障发生在中央,则电流平均分配:

$$I_A = I_B = \frac{1}{2} I \tag{4.85}$$

$$I_a = I_b = \frac{1}{2} I_{AB} \tag{4.86}$$

2. 外部故障

对于典型的连续性结构(各相的外壳两端连在一起)。假定所有的外壳电流都流经邻近的其他相的外壳而返回,并且没有感应电流流入和经过地而闭合。

在平面空间中有 3 条相同的母线,外壳可以看成两个圈并互相重叠,每个圈分别与带电导体相耦合,如图 4.52 所示。

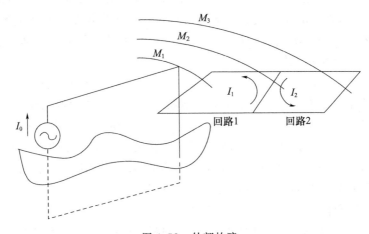

图 4.52　外部故障

由图 4.52 可知,两个相应的回路方程为:

$$(Z_{M_1} - Z_{M_2}) I_0 + Z_{\text{LOOP}} I_1 = 0 \tag{4.87}$$

$$(Z_{M_2} - Z_{M_3}) I_0 + Z_{\text{LOOP}} I_2 = 0 \tag{4.88}$$

式中: Z_{LOOP} 为回路阻抗; I_0 为流入母线并朝外部故障点流过的电流。

如果 I_0 给出,则回路 1、2 的电流 I_1、I_2 由它们与 I_0 的比率来定义:

$$(-I_1/I_0) = (Z_{M1} - Z_{M2})/Z_{\text{LOOP}} = (I_m^1/I_0^1) \frac{\log_{10}\left[s/(GMR - r_0)\right]}{2\log_{10}(s/GMR)} \tag{4.89}$$

$$(-I_2/I_0) = (Z_{M2} - Z_{M3})/Z_{LOOP} = (I_m^1/I_0^1) \frac{\log_{10}[2s/s]}{2\log_{10}(s/GMR)} \tag{4.90}$$

式中：s—相邻两相间的距离（m）。公用外壳回路和外部外壳回路长度为：

$$I_0^1 = I_{bus} + \frac{1}{2} I_{ties} \tag{4.91}$$

$$I_m \approx I_0^1 = I_{bus} \tag{4.92}$$

换句话说，如果假定中相导线承受故障，则由(4.89)式可以确定外壳电流的近似值，只要用 I_0 替代或者像通常那样，假定外壳电流比对相计算的电流高 10%～15%。

一旦独立地确定了单相对地故障的感应电流，即可用叠加方法来确定相对相或三相故障时在外壳中流过的电流。应当注意相间故障，故障电流的相角差为 180°；三相故障，相角差为 120°。

4.5.4　GIS 接地的要求

同常规变电站一样，GIS 装置的安全接地同样要求能够承受各故障电流和雷电流，以及要求同样低的接地电阻和小的接触电压和跨步电压。而将 GIS 装置的外壳整体连接与接地，是把在 GIS 范围内有害的接触电压与跨步电压最小化的主要解决办法。其他办法还有使用与 GIS 构架和接地相连的导电平台，维修平台是气体绝缘体变电站整体的一部分通常由厂家提供。

GIS 装置的接地，主要采用主接地母线。主接地母线一根或一组导线，用来连接所有气体绝缘变电站金属部分至变电站的接地系统。并要求使用接地连接器，以保证全部 GIS 装置在所有计划接地的金属部件之间，以及这些部件与 GIS 主接地母线之间具有安全的电位梯度。对接地连接器，除了其机械强度应承受该点的电磁力与正常误差引起的荷载外，还应有能力承受该部分电路上的预期最大故障电流，而无过热现象。

为了限制环流引起的不良影响，还应满足下列要求：

(1)所有金属外壳通常应工作在地电位；

(2)当在指定点接地时，母线外壳设计必须保证各外壳段之间没有明显的电位差，且支持构架及接地系统任何部分不受感应电流的不利影响。

(3)为了避免外壳环流超出气体绝缘组件内正常的回流路径，电缆接地外皮应通过与气体绝缘组件外壳分开的连接件与接地系统（接地网）相连，为了便于隔离，电缆端子（终端套管）的设计应提供隔离的空气间隙或适当的绝缘元件。

(4)外壳环流也不允许通过任何装在外部的电流互感器。

4.5.5　GIS 接地的要求

GIS 装置的瞬态接地电位升（TGPR），通常表现为接地外壳的电位在短时间内迅速上升,有时可高达 100 kV 左右。据国外有关资料,对 GIS 装置,大约有 50% 以上的事故存在着瞬态接地电位升的问题。这样就给设备和运行人员带来很大的危害,下面讨论有关瞬态接地电位升的问题。

1. 产生瞬态接地电位升的主要原因

产生瞬态接地电位升的主要原因有以下几个方面:

(1)GIS 装置内的介质击穿;

(2)母线对地击穿;

(3)在运行期间,隔离开关两端触点击穿。

此外,在验收试验时,也会因故障引起瞬态接地电位升,但因隔离开关操作所引起的瞬态接地电位升发生在正常运行的情况下。

SF₆ 气体的击穿特点是使电压急剧上升,这是能够引起高频振荡的,所以介质击穿常常也引起瞬态接地电位升。

在正常工作且有效接地的情况下,系统的击穿将会引起短路电流,这种情况下,由于短路电流的存在,将严重危害到设备的安全。除了保护电路外,瞬态接地电位升的影响并不大,主要是因为有效接地时,接地电阻不很大的原因。相对应的是,在没有有效接地的情况下的击穿,就能够产生很高的瞬态接地电位升。

一般认为,在断路器、隔离开关等触点间的击穿,才是危害性最大的,主要是因为它有一个比较长的电弧期和比较高的反复变化的频率。所以,只有在断路器动作时能够受得住瞬态接地电位升的影响的设施,才能被认为是安全的。

2. 瞬态接地电位升的特点

(1)在 $1 \sim 20 \ \mu s$ 时间内的放电常使母线电压突然下降。

(2)由于来自外部接地导体的影响,开路终端和内部的电感、电容的作用,常使波形发生振荡。

(3)当频率为 $5 \sim 50$ MHz 时,振荡在很大程度上取决于母线的几何长度。

(4)具有这些频率的电流被迫沿导体表面流动,即集肤效应。由于这一原因,GIS 装置的外壳的内、外表面必须看成一种特殊的电流路径。为了便于分析瞬态接地电位升的影响,有必要将 GIS 系统看成一种传输线系统。

(5)在上述的频率范围内,许多接地连接线,由于其外部结构的原因,在有效接地时表现为强的感性,这将会导致在 GIS 装置外壳上产生相当高的瞬态电压。

3. 瞬态接地电位升产生的机理

(1)由于外部集中电容器放电所引起的瞬态接地电位升,在某些布置中,电容元件可按照电容式电压互感器或其他高压试验装置的形式外连于 GIS。在一般的相对地击穿的故障情况下,贮存在该电容中的能量将在放电回路的电感和电容所决定的频率下通过故障点放电。

对一般的典型布置来说,这种回路的电感约为 20 μH,电容约为 1000 pF,放电频率约为 1 MHz,这种谐振频率很高。外壳与接地之间的电位,确定于接地引线阻抗与整个放电回路的阻抗之比,同时也确定于击穿时外部电容上的电位,在上述频率时,接地阻抗已是一个很高的值了,所以接地部分之间的电位差可能很高。

(2)在较高的频率下,外壳断口外反射回来的行波也将引起很高的过电压,如因断路器触点间的击穿而引起很陡的电位梯度,将在外壳内感应出行波,这些行波在断口处发生反射,从而导致外壳法兰处产生很高的过电压。

4.瞬态接地电位升的危害

GIS 装置的瞬态接地电位升,主要有以下一些危害:

(1)外壳上电压的快速上升会导致 GIS 的电气击穿;

(2)瞬态高压对包括操作、测量、保护电路等二次线路造成损害;

(3)瞬态高压对工作人员的人身安全会带来危险。经计算表明,对典型的变电站布置来说,其电击强度已经大于目前根据生物医学知识而得出的人体所能接受的电击强度。

5.减弱瞬态接地电位升的方法

由于瞬态接地电位升会对 GIS 装置乃至电力系统运行的可靠性带来危害,甚至危及运行人员的生命安全,为此,必须采取一定的限制措施,以避免或减弱瞬态接地电位升的危害。目前主要从三方面着手,即:

(1)改进操作方法

在一般情况下,人遭外壳电击的危险是很低的。因为大部分变电站开关操作并不频繁,而开关动作与人接触外露终端装置附近区域同时发生的情况更为罕见,况且击穿与人体接触同时发生更是少有的事件。但在检修或施工活动的地方,人与 GIS 接触的时间长,这时人遭电击的风险率会大大超过平均风险率,所以有必要改进一些实用的操作方法。如:

① 通知有电击危险的所有运行,检修人员使之避免与带电的 GIS 外壳随机接触。在任何情况下,最好不要攀登或靠近 GIS 装置;

② 操作前发出音响警告,直到工作人员离开 GIS 为止;

③ 在有工作人员的情况下,串入一个高阻抗,以便对运行人员进行保护。

(2)改变外壳布置

实践证明,改变外壳布置会影响瞬态电位。降低外壳高度可以减小外壳的冲击阻抗,并缩短接地连线的传播时间,不仅可以降低传播到终端装置外壳上的电位,而且可以提高接地效果。增加接地连线的数量也能起到一定的作用,使流动波衰减,从而降低瞬态电位的升高。

除此之外,将外壳下的土壤用电阻率较高的土壤来代替,以便增加传播损耗。

（3）使用屏蔽技术

瞬态接地电位是一种物理现象,通常在变电站终端装置开始,然后沿着由母线外壳和地面所形成的线路继续传播,进入变电站内,为了减弱上述瞬态问题,可以在外壳与地面间布置一些金属导电层或"屏蔽",以反射传播电位。

参考文献

[1] 曾永林. 接地技术[M]. 北京:水利电力出版社,1979.

[2] 付良魁. 电法勘探教程[M]. 北京:地质出版社,1983.

[3] 黄丽英. 不等间距地网分布的计算即模拟研究[D]. 重庆:重庆大学,1988.

第 5 章　　降低接地电阻的方法

众所周知,为保证设备的正常运行,保护人员的人身安全、消除静电聚集产生的危险及屏蔽干扰源等,均要求接地装置具有比较低的接地电阻,比如,对发电厂、变电站的接地装置,《规程》规定其接地电阻值不应小于 $2000/IQ$。但对于一些土壤电阻率高,占地面积小的接地装置,要设计一个在技术和经济上都合理且接地电阻值较低的接地装置,是非常困难的。本章将介绍在工程中常常采用的降低接地电阻的方法,这些方法主要有增大接地体的尺寸、增加接地体的埋深、引外接地、利用自然接地体、换土、深井接地和采用接地降阻剂等。在进行接地设计时,要因地制宜,根据接地装置周边附近的实际情况选用适当的方法。本章第一节将介绍前面几种简单而常用的方法,第二节将介绍深井接地,第三节将介绍接地降阻剂。

5.1　几种简单的降低接地电阻的方法

5.1.1　加大接地体尺寸

众所周知,接地装置的接地电阻主要由接地体的几何尺寸和土壤电阻率确定,要在大范围内靠降低土壤电阻率的方法来降低接地电阻,无论在技术上还是在经济上都是不合理的,所以增大接地体的尺寸是行之有效的方法[1]。

根据静电场基本理论,可以直接推导出接地体接地电阻的计算公式,即

$$R = \frac{U}{I} = \frac{U}{\oint_s j_n \mathrm{d}S} = \frac{U}{\oint_s \frac{E_n}{\rho} \mathrm{d}S} = \frac{U}{\frac{1}{\varepsilon\rho}\oint_s D_n \mathrm{d}S} = \frac{E\rho V}{Q} = \frac{\varepsilon\rho}{C} \qquad (5.1)$$

式中:ρ——土壤电阻率($\Omega \cdot \mathrm{m}$);

$\quad\varepsilon$——土壤介电系数;

$\quad C$——接地体对无穷远处的电容。

从(5.1)式可以看出,接地电阻的大小与接地体对无穷远处的电容成反比,增大接地体的尺寸,可以增大接地体的电容,降低接地电阻。

从下面一些典型的接地体的接地电阻计算公式也很容易看出增大接地体的尺寸可

以降低接地电阻。

1. 单根垂直接地体

当 $L \gg d$ 时，

$$R = \frac{\rho}{2\pi L}\left(\ln\frac{4L}{d} - 0.31\right) \qquad (5.2)$$

式中：L——接地体的长度(m)；

d——接地体直径(m)，角钢 $d = 0.84b$(b 为角钢每边的宽度)；扁钢 $d = 0.5b$(b 为扁钢宽度)。

2. 水平接地体

$$R = \frac{\rho}{2\pi L}\left(\ln\frac{L^2}{dh} + A\right) \qquad (5.3)$$

式中：L——接地体的总长度(m)；

h——接地体的埋深(m)；

A——形状系数。

3. 接地网

$$R = \frac{0.443\rho}{\sqrt{S}} + \frac{\rho}{L} \approx \frac{0.5\rho}{\sqrt{S}} \qquad (5.4)$$

式中：L——接地体的总长度,包括水平与垂直接地体(m)；

S——地网的面积(m^2)。

由上述可知,无论是哪一种接地体,增大其尺寸,均可以减小其接地电阻。但是,仅用增大接地体尺寸来降低接地电阻,对一些简单接地体和输电线路杆塔接地装置效果较好,对于发电厂,变电站的接地网,虽然增大地网尺寸能够使接地电阻值减小,但在高土壤电阻率地区或者发电厂、变电站场地非常昂贵的地区,会增加变电站建设的不少投资,甚至受场地的限制根本无法实现,因此,在使用这种方法时,必须进行技术经济比较。

5.1.2　增加接地体的埋设深度

接地体的埋设深度对于水平接地体(包括地网)是指接地体到地表面的距离,而对于垂直接地体来说是指垂直接地上端到地表面的距离。从本质上讲,增加接地体的埋深,使接地体离地面的距离增加,从而增大了接地体在土壤中的散流面积,起到减小接地电阻的作用。对于发电厂、变电站接地网一般都是矩形或方形布置。在均匀土壤中,矩形和方形接地网接地电阻的计算公式有[2]：

1. 施瓦茨提出的计算矩形水平接地网接地电阻公式为：

$$R = \frac{\rho}{\pi L}\left[\ln\frac{2L}{h'} + K_1\left(\frac{L}{\sqrt{S}}\right)K_2\right] \qquad (5.5)$$

式中：L——接地网导体总长度(m)；

　　h'——当接地网导体埋深为 h 时,$h'=d×h$,当接地网导体埋深为零时,$h'=0.5d$;

　　d——接地网导体直径(m);

　　S——接地网面积(m²);

K_1,K_2——与接地网几何形状有关的常数。

　　2.杰·纳曼和 S·斯库利奇用计算机模拟得出的关于方形与矩形接地网接地电阻的经验公式:

$$R=±\rho\left[\frac{0.53}{\sqrt{S}}+\frac{1.75}{L\sqrt[3]{n}}\right]\left[1-0.8\left(\frac{100hd}{n\sqrt{S}}\right)0.25\right] \tag{5.6}$$

式中:S——接地网面积(m²);

　　h——接地网埋深(m);

　　d——接地网导体直径或等值直径(m);

　　n——一个方向导体数;

　　l——接地网导体总长度(m)。

　　由(5.5)式和(5.6)式可见,在接地网其他参数不变的情况下,增加地网的埋深 h,会使接地电阻值减小,但其降阻效果不明显,这在高土壤电阻率地区更是如此。因此在工程实际中一般都不采用这种方法。

5.1.3　用自然接地体

　　自然接地体包括建筑物钢筋混凝土基础的钢骨架,水电站进水口拦污栅、闸门、引水管等,对于这样一些自然接地体,由于它们本身具有较低的接地电阻,因此,在设计发电厂、变电站地网时,应充分地考虑利用这些自然接地体与主网相连,以达到降低地网接地电阻的目的,特别是在水电站,利用自然接地体,其降阻效果就更为明显,并且不需要增加多少投资。所以,充分地利用自然接地体来降低接地电阻,不仅在技术上容易实现,而且有较好的技术经济效益。

5.1.4　引外接地

　　引外接地是指在发电厂、变电站接地网区域以外的某一低土壤电阻率区域敷设的辅助接地网。对于某些发电厂、变电站,站址内的土壤电阻率很高,为了获得低的接地电阻,就要利用站外可能有的低电阻率区域,如水沟、水塘、淤泥塘等,在该区域敷设辅助接地极并与主网相连,以降低整个接地系统的接地电阻。

5.1.5　换土

　　如上所述,土壤电阻率的高低是直接影响接地电阻大小的关键,对于某些位于高土壤电阻率地区的发电厂、变电站的接地网,如果采用其他方法降阻困难,也可以采用换土的方法,所谓换土,实际上就是指用电阻率低的土壤来代替电阻率高的土壤,以获得较低的接地电阻,这种方法的使用,必须从技术经济上作全面的比较,以免造成经济上的浪费。

除上述降阻方法外,设置多重地网也可降低接地电阻。

5.2　深井接地

一般说来,在设计低土壤电阻率地区发电厂、变电站接地装置时,仅在站区敷设水平接地网,其接地电阻值比较容易满足规程要求。但在设计高土壤电阻率地区的发电厂、变电站接地网时,仅采用水平地网很难满足接地规程的要求。而在水平接地网四周增设垂直接地极是降低接地电阻的有效方法之一,特别是在扩大地网面积或引外接地有困难,或地中深层有低土壤电阻率区域时,往往在水平地网四周增设垂直接地极。特别在有地下含水层或含低电阻率物质的地方,入地电流可以经深井接地极通过水层或低电阻率物质流散,能有效地降低整个接地系统的接地电阻。同时土壤越深,土壤电阻率不受季节和气候条件的影响,使接地系统的性能更加稳定。深井接地除了降阻以外,还可以克服场地窄小而不便用常规的水平敷设接地极的缺点,这在城市和山区是一种行之有效的接地方法。以前对垂直接地极的布置方式,长度和间距的选择及使用垂直接地极的利用系数缺乏深入的研究,常常出现使用垂直接地极后技术经济效果不明显的情况。本节介绍作者关于深井接地的研究成果,供工程参考[3]。

5.2.1　垂直极的布置位置

先分析单根垂直极在水平接地网上的位置不同时,接地网系统接地电阻的变化情况。水平地网面积为 150 m×150 m,均压导体平均间距取 10 m,土壤电阻率为 250 Ω·m,水平接地网埋深为 0.6 m,水平均压导体等值半径取为 0.011 m,垂直极的等值半径取为 0.025 m,长度为 50 m。水平地网布置图如图 5.1 所示,分别在地网图中标出的不同位置添加一根同样的垂直极。经计算,未加垂直极时,接地网的接地电阻为 0.7426 Ω。不同位置加入垂直接地极后的降阻效果如表 5.1。

垂直极对接地网的降阻效果可用降阻率 ξ 来表示,ξ 表示为:

$$\xi = \left| \frac{R' - R_0}{R_0} \right| \times 100\% \tag{5.7}$$

其中:R_0——水平接地网的接地电阻;

R'——加入垂直极后的接地电阻。

从表 5.1 和图 5.1 可以看出,距离地网中心点从近到远的顺序为①→④→②→⑤→③,而降阻效果从低到高的顺序也为①→④→②→⑤→③。

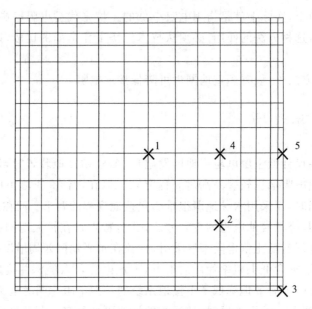

图 5.1　垂直极在地网上的布置图

表 5.1　垂直极布置位置不同的降阻效果

	位置①	位置②	位置③	位置④	位置⑥
接地电阻值(Ω)	0.7343	0.7324	0.7323	0.7333	0.7289
降阻率(ξ)	1.108%	1.369%	2.612%	1.244%	1.846%

计算分析表明,布置在接地网边缘的垂直极的散流电流是地网中心位置相同长度的两倍以上。因此,如果为了降低地网接地电阻而增加垂直极时,应将垂直接地极布置在水平接地网的边缘,使与水平地网间的屏蔽作用达到最小。如果地理条件允许的话,应尽可能远离水平地网布置垂直极,通过水平接地体与主地网相连,这样有利于散流、降低接地电阻,而且对接触电压的均匀、合理分布也有明显的改善作用。如果水平接地网内部存在电阻率比较高的土壤,也可在水平地网内部加入垂直极,虽然不能起到好的降阻作用,但可以用来改善局部电位分布。

5.2.2　垂直极的数量选择

在水平地网的边缘上加入垂直极,且在边缘上尽量等间距布置。水平地网面积取为 160 m×160 m,水平均压导体平均间距取 10 m,土壤电阻率为 250 Ω·m,水平接地网埋深为 0.6 m,水平导体等值半径取 0.011 m,垂直极的长度取为 50 m,等值半径取为 0.025 m,垂直极根数从 1 根到 28 根时三维接地网的接地电阻随垂直极数量的变化曲线如图 5.2 所示。

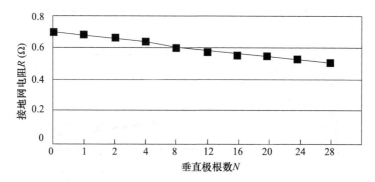

图 5.2　垂直极根数 N 变化对接地网电阻 R 的影响

由图 5.2 可看出,在水平地网保持不变的情况下,接地网的接地电阻 R 随垂直极根数 N 的增加而降低,当 N 达到一定数值时 R 值趋于饱和。这是因为垂直极间距减小后,相互之间的屏蔽作用增强,另外,垂直极对水平地网散流也有抑制作用。由于垂直极之间以及垂直极与水平接地网之间的屏蔽作用,总的接地电阻并不等于垂直极与水平地网的接地电阻的并联值,而是存在一个屏蔽系数,垂直极根数越多,屏蔽系数越大。

垂直极的数量选择还可用利用系数来作参考,利用系数定义为:

$$\eta = \frac{R_\perp / / R_-}{R} \tag{5.8}$$

式中:$R_\perp$——所有垂直极的接地电阻的并联值;

R_-——水平地网的接地电阻;

R——整个接地网的接地电阻计算值。

单根垂直极的接地电阻值由电力行业标准 DL/T 621—1997 推荐的公式求得:

$$R_v = \frac{\rho}{2\pi l}\left(\ln\frac{8l}{d} - 1\right) \tag{5.9}$$

式中:R_v——接地极的接地电阻(Ω);

ρ——土壤电阻率($\Omega \cdot m$);

L——接地极的长度(m);

d——接地极等值直径(m)。

今有一单根垂直极的接地电阻为 $R_v = 6.356\ \Omega$,加入垂直极后,垂直极的利用系数随根数的变化曲线如图 5.3 所示。

从图 5.3 可以看出垂直极利用系数随根数的增加而降低,当增加到一定程度时,利用系数显著降低,说明垂直极之间的屏蔽作用已非常明显,再增加垂直极已没有多大意义,不能再有效地降低接地电阻,得不到好的技术经济效果。

为进一步研究垂直极数量的选择规律,在水平地网边缘添加不同数量和不同长度的垂直极进行计算,添加方法是尽量等间距的均匀分布在水平地网边缘,由计算结果得出如图 5.4 和图 5.5 所示曲线。

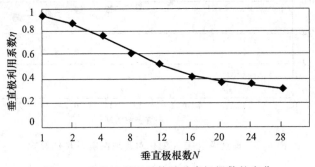

图 5.3　垂直极利用系数随垂直极根数的变化

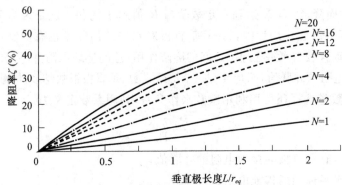

图 5.4　降阻率与垂直极长度的关系

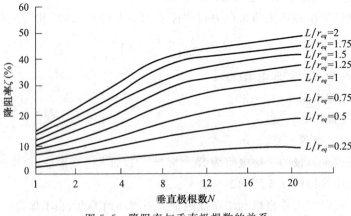

图 5.5　降阻率与垂直极根数的关系

图 5.4 与图 5.5 中,N 为垂直极的数量,L 为垂直极的长度,r_{eq} 为水平地网的等值半径,定义为:

$$r_{eq} = \sqrt{S/\pi} \tag{5.10}$$

式中：S——水平地网的面积。

分析图 5.4 中各条曲线可以看出，在已有水平地网的基础上添加垂直极，当垂直接地极根数一定时，降阻率随垂直接地极的长度的增加而增大。当长度达到一定数值时，其增大趋势逐渐趋于饱和。垂直接地极根数越多，饱和值现象出现时垂直接地极的长度值越短。从图 5.5 可以看出，当垂直接地极长度与水平地网等值半径比值一定时，垂直极的降阻率随垂直极的根数的增加而增加，但随根数的增加，降阻率饱和趋势非常明显。从图 5.5 还可以看出，要想获得较高的降阻率，垂直极长度与水平地网的等值半径的比值应该在 L/r_{eq} 以上，此时降阻率可以提高到 30% 以上。

对图 5.5 中 L/r_{eq} 为 1～2 的 5 条曲线采用二次多项式拟合，拟合结果如下：

$$
\begin{aligned}
y_1 &= -1.0885x^2 + 15.238x - 2.3072 \\
y_2 &= -0.9605x^2 + 14.033x - 3.2823 \\
y_3 &= -0.8046x^2 + 12.489x - 3.9187 \\
y_4 &= -0.6445x^2 + 10.868x - 4.0187 \\
y_5 &= -0.4651x^2 + 8.7881x - 3.8371
\end{aligned}
\tag{5.11}
$$

图 5.5 中各多项式从上到下分别为 L/r_{eq} 等于 2,1.75,1.5,1.25 和 1 时的拟合曲线多项式。对图 5.5 中各二次多项式求一阶导数，一阶导数为零时，二次多项式达到最大值，可得出此时的垂直极的根数。由于垂直极的根数只能取整，采用四舍五入法则，各曲线极大值点位置如表 5.2 所示。

表 5.2　各拟合曲线极值点位置

L/r_{eq}	2	1.75	1.5	1.25	1
根数	7	7	8	8	9

由图 5.5 和表 5.2 可以得出，要获得较高的降阻率，垂直极的长度与水平地网的等值半径的比值应该大于 1，而且在水平地网边缘添加垂直极的数量是随垂直极的长度增加而应该减少的，数量的选择具有饱和趋势，考虑到一般应在水平地网边缘均匀且尽量对称地添加垂直极，所以 8 根垂直极应该是垂直极数量选取的理想数量。此时，不仅能获得较高的降阻率，而且不会造成浪费。

5.2.3　垂直极的长度选择

从图 5.4、图 5.5 以及表 5.2 可以看出，垂直极的长度选择是和数量选择紧密联系的，长度较短时，添加的数量再多也得不到高的降阻率；较长时，可以获得较高的降阻率，但对垂直极的数量选择影响很大，必须考虑降阻率的饱和现象。

从技术经济角度考虑，增加垂直极时，除了要考虑降阻效果以外，还要考虑其增加的垂直极的单位长度的降阻效果。定义单位长度利用率来作为衡量指标：

$$\eta' = \frac{R_0 - R}{L} \tag{5.12}$$

单位长度利用率随 L/r_{eq} 及根数变化如图 5.6 所示。

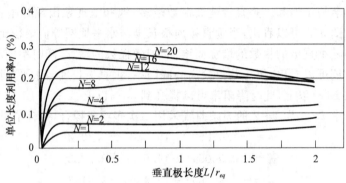

图 5.6 单位长度利用率随 L/r_{eq} 的变化

从图 5.6 可以看出，垂直极并不是越长越好，垂直极较短时单位利用率较低，垂直极过长时单位利用率也较低。由于垂直极之间的屏蔽作用，垂直极的根数越多，单位长度的利用率最大时，垂直极的长度越短。

当 $N=8$ 时，从图 5.6 可以看出，$L/r_{eq}=1$ 时单位长度利用率最大，所以，垂直极长度与水平地网的等值半径相当时，才能取得最高的单位利用率，从而取得好的技术经济效果，即边际利用率最大，边际成本最小。

在工程实际应用中，由于随深度的增加，单位长度钻井的费用增加，因此，布置垂直极时，应先考虑在水平地网的四周等间距布置一些与地网等值半径相当长度的垂直极；若降阻条件比较恶劣时，土壤分层比较明显，且下层土壤电阻率比较低或接近地下水源时，才考虑用深井接地技术。

5.2.4　地网面积的影响

以上讨论三维地网中垂直极对降低接地电阻的影响时，由于影响地网接地电阻的参变量较多，所以计算分析都在固定水平地网面积的情况下进行，以下对地网面积不同对结论的影响加以分析。

以两个方形水平接地网为例，面积分别为 $160\text{ m} \times 160\text{ m}$，$200\text{ m} \times 200\text{ m}$，其他参数取值相同，即水平均压导体平均间距取 10 m，土壤电阻率为 250 Ω·m，水平接地网埋深为 0.6 m，水平导体等值半径取 0.011 m，垂直极等值半径取为 0.025 m。以添加 4 根垂直极为例，计算结果如图 5.7 所示。

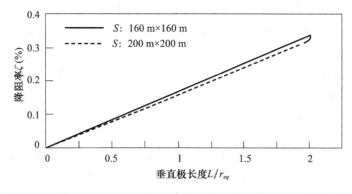

图 5.7　地网面积与垂直极长度与降阻率的关系

从图 5.7 可以看出,两曲线基本重合,说明在垂直极的长度与水平地网等值半径的比值相同的情况下,地网面积的改变对垂直极的降阻率的影响极小。所以,在只有地网面积不同时,在水平地网的边缘均匀布置相同数量的垂直极,只要垂直极长度与水平地网等值半径的比值相同,就可以达到基本相同的降阻效果。因此,以上对垂直极的布置规律的分析所取得的结果,在不同水平地网面积下同样是实用的。

5.2.5　采用深井接地应注意的问题

在以上这些降阻措施中,增大地网面积和引外接地往往涉及重新征地和难以维护等技术经济问题,不便于在工程中采用。换土又会增加巨大的工程量和资金的投入,特别是在高土壤电阻率地区有时换土就根本无法实现,因此实际工程中也很少采用。随着 GIS 技术的发展,发电厂、变电站采用 GIS 的情况越来越多,这就大大缩小了发电厂、变电站的占地面积,因此,其接地装置的接地电阻就越来越难以满足规程要求。这样,增设垂直接地极就被越来越多的工程设计人员所采用,但在以往的接地设计中,所增设的垂直接地极长度大多只有几米至十几米,有的甚至遍布整个水平地网,可实际降阻效果却不明显,其根本原因是由于垂直接地极长度及布置方式选择不当,使得所增设的垂直接地极的降阻作用基本上被水平地网或垂直接地极相互间的屏蔽效应抵消掉了。因此,在设计中应当注意以下问题[4]:

① 为了减小水平地网对垂直接地极和垂直接地极之间的屏蔽效应,以提高垂直接地极的利用系数 η,垂直接地极宜布置在水平地网四周边缘,有条件的发电厂、变电站最好将垂直接地极尽可能向站外延伸,让垂直接地极间的距离大于或等于垂直接地极的长度。

② 垂直接地极根数及实际长度的选取,可根据水平接地网接地电阻的大小和实际的降阻要求以及地中土壤电阻率的变化情况来确定,其基本原则为:要获得明显的降阻效果,在地中无特殊的低电阻率层时,垂直接地极的长度一般不得小于水平地网的等值

半径,垂直接地极的根数一般应在 4 根以上,考虑到垂直接地极根数增加到一定程度时,降阻率逐渐趋于饱和以及根数的增加会造成较大的资金投入,因此垂直接地极根数(或深井个数)一般应控制在 8 根以内。

③ 在高土壤电阻率地区,为了保证明显的降阻效果,埋设垂直接地极的深井中宜灌注长效接地降阻剂,并采用压力灌浆法进行,若发电厂、变电站处在岩石较多的地区,还可采用深井爆破的方式,将深井下半部的岩石炸裂,以便使接地降阻剂能沿着裂缝渗透,而进一步增大降阻效果。

④ 垂直接地极材料的选择,考虑到节省材料和灌注接地降阻剂的施工要求,最好选用 $\phi50$ mm,壁厚 3.5 mm 的镀锌钢管,深井的孔径一般为 110～130 mm。

⑤ 在采用深井接地降阻之前,先必须进行技术经济比较,否则可能造成巨大的浪费。

5.3　接地降阻剂

在高土壤电阻率地区,如沙漠、山区、岩石层等,即使采用以上介绍的各种方法,有时也很难将接地装置的接地电阻降到所要求的值。在这种情况下可以通过使用接地降阻剂,并适当配合上面的方法,便可达到降阻的目的。

在接地体周围的土壤中加入离子生成物,即化学降阻剂,以改善土壤的导电性能,从而降低接地装置的接地电阻。最早的方法是在接地体周围埋入木炭、食盐、硫铵等电解质或者用丙烯酰铵、硅酸盐,石墨和水的混合物作为接地降阻剂灌入土壤中以提高土壤的导电性能。但是这些降阻剂的有效成分大都是溶于水的,容易因雨水或地下水的冲刷而流失,因此,有效期较短,一般仅能维持两年左右,并且有些物质对接地体有腐蚀作用,会缩短接地装置的寿命。从 20 世纪 60 年代中期开始,日本研制并使用一些新型接地降阻剂,这类降阻剂主要是由电解质(如食盐、氯化铵、硫铵等)与水溶性常温硬化树脂(如尿醛树脂、酚醛树脂等)混合组成。将这种混合液注入电极周围的土壤中。经过一定时间,就形成具有导电性能的含水硬化树脂,提高土壤的导电性,并能经受雨水或地下水的冲刷,因此称为长效降阻剂。

我国为解决高土壤电阻率地区的降阻问题,也从 20 世纪 50 年代开始研究化学降阻剂,取得了一定的成效,目前已有很多厂家生产出了性能良好的化学长效降阻剂[5]。

5.3.1　降阻剂的降阻原理

大家都知道,接地装置的接地电阻包括接地引线电阻,接地体自身电阻以及接地体与土壤之间的接触电阻和接地体散流电阻,后者完全由土壤特性决定。在高土壤电阻率地区,接触电阻和散流电阻都很高,如采用化学降阻剂,可以减小接触电阻和降低散流电阻,起到降低整个接地电阻的作用。如果将化学降阻剂看成是电阻率很低的物质,其降阻原理可以用半球形接地体为例加以说明,如图 5.8 所示。

如图 5.8a 所示,当 $x \to \infty$,假定土壤电阻率是均匀的,则不使用降阻剂半球形接地体的接地电阻为:

$$R = \frac{\rho}{2\pi r} \qquad\qquad (5.13)$$

式中:ρ——土壤电阻率($\Omega \cdot m$);

　　r——半球形电极的半径(m)。

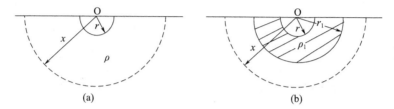

(a)　　　　　　　　　　　　(b)

图 5.8　使用降阻剂的半球接地体

使用降阻剂后(见图 5.8b),则半球形接地体的接地电阻为:

$$R_1 = \frac{\rho_1 r_1 + (\rho - \rho_1) r}{2\pi r r_1} \qquad\qquad (5.14)$$

式中:ρ_1——降阻剂的电阻率($\Omega \cdot m$);

　　r_1——降阻剂层到圆心的距离(m)。

由于降阻剂的电阻率远小于土壤电阻率,即 $\rho_1 < \rho$,由(5.13)式和(5.14)式相比可得:

$$R_1 = R \frac{r}{r_1} = \frac{\rho}{2\pi r_1} \qquad\qquad (5.15)$$

由此可见,用降阻剂后,相当于增大了半球的半径,而使接地电阻降低。对于垂直接地体,如图 5.9 所示,采用降阻剂后,接地体的接地电阻为:

$$R = \frac{\rho_1}{2\pi L} \ln \frac{d_1}{d} = \frac{\rho}{2\pi L} \ln \frac{4L}{d_1} \qquad\qquad (5.16)$$

式中:ρ——土壤电阻率($\Omega \cdot m$);

　　ρ_1——降阻剂的电阻率($\Omega \cdot m$);

　　L——垂直接地体长度(m);

　　d——垂直接地体直径(m);

　　d_1——降阻剂置换原土壤的直径(m)。

由于 $d \ll L, d_1 \ll L, \rho_1 \ll \rho$,可将(5.16)式改为:

$$R=\frac{\rho}{2\pi L}\ln\frac{4L}{d_1} \tag{5.17}$$

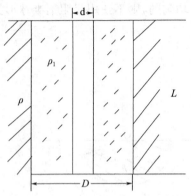

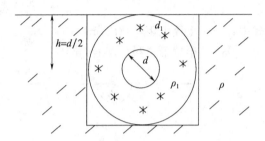

图 5.9　使用降阻剂的垂直接地体　　　　图 5.10　使用降阻剂的水平接地体

对于埋深为 h 的水平接地体,如图 5.10 所示,采用降阻剂后,接地电阻为:

$$R=\frac{\rho_1}{2\pi L}\ln\frac{L}{d}+\frac{\rho}{2\pi L}\ln\frac{2L}{d_1} \tag{5.18}$$

式中:d_1——导体外所包降阻剂的等值直径(m);

　　　d——导体直径(m);

　　　L——水平接地体长度,m。

当 $\rho_1\ll\rho$,则(5.18)式改为:

$$R=\frac{\rho}{2\pi L}\ln\frac{2L}{d_1} \tag{5.19}$$

由此可知,无论是水平接地体,还是垂直接地体,采用降阻剂后,都相当于增加了导体的直径,从而使接地电阻减小,起到了降阻作用。

5.3.2　降阻剂应当满足的要求

对于较理想的降阻剂,应当满足以下要求。

1. 降阻效果要好

降阻剂都是以一种主导剂(如高分子树脂、无机物、膨润土等)加交链剂(如尿素、亚甲基双丙酰铵等)、添加剂(如聚乙烯醇、细黏土、水泥、生石灰等)、电解质(如食盐、硫酸钠等)、固化剂(如过硫酸铵、碳酸钠、三氯化铁等)和水配制而成。一般纯主导剂的电阻率较高,但加入电解质和水后就变成电阻率很低的降阻剂。由上面的推导和试验结果表明,降阻剂的电阻率愈低,其降阻效果愈好,因此应尽量选用电阻率低的降阻剂。

2. 使用寿命长

同发电厂、变电站一样,其接地装置都应具有使用年限,一般规定为 25～30 a。如果在高电阻率地区,接地体和降阻剂同时埋入地下,如果降阻剂短期失效,接地电阻将会回增。要更换新的降阻剂非常困难,而且有些设施(如高层大楼基础接地装置)根本无法重新施工。这不仅会因接地电阻回升达不到要求,酿成事故,影响设备和人身安全,而且还会带来巨大的经济损失,因此,希望降阻剂能长期保持降阻效果。

使降阻剂失效的原因大致有两种:一种是降阻剂与接地体同时埋在土壤中,要受到工频和雷电冲击电流的作用,受温度、湿度等环境条件的影响;另一种是降阻剂的有效成分因雨水的冲刷而流失,会引起化学或电化学变化而变质失效。

为了检验降阻剂是否因为工频和雷电冲击电流的作用而失效,可根据实际运行的情况和模拟试验来进行。下面就工频和雷电冲击电流模拟试验方法作一介绍[6]。

(1)工频大电流试验

工频大电流试验是用工频大电流发生器产生试验所要求的大电流,注入盛有降阻材料的模拟圆筒内,用伏-安法测试其电阻率在工频大电流前后的变化情况。以判定降阻剂在工频大电流作用下的稳定性,接地体模拟圆筒及试验接线如图 5.11 所示。

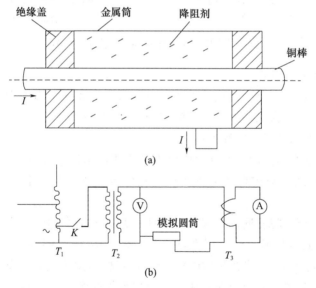

图 5.11　降阻剂的工频大电流试验原理图

(a)接地体模拟圆筒;(b)工频大电流试验接线图

(2)冲击大电流试验

雷电冲击大电流试验是检验降阻剂在雷电流作用下的稳定性,基本方法就是在图 5.11所示的试品中注入冲击电流[7]。仍用伏-安法测量加冲击电流前及数次冲击电流后,降阻剂电阻率的变化情况。

为了考验降阻剂在工频大电流和冲击作用后是否还保持原有的降阻效果。要求降阻剂经过 5 次,持续时间为 10 s,有效值为 100 A/m 的工频电流作用后,降阻剂的电阻率增加不超过 10%。每次作用之间间隔时间为 30 min。降阻剂经过 20 次,幅值为 10 kA/m 的冲击大电流作用后,降阻剂的电阻率增加不超过 10%。

另外,还有流水浸泡法、温度实验以及两者的结合来考验降阻剂的稳定性和长效性。

对于降阻剂的电阻率随含水量,电流密度及温度的变化情况,可根据实验来获得。如大地牌 GRR-A 型长效接地降阻剂的电阻率随含水量、电流密度的变化情况如图 5.12 中的曲线所示。

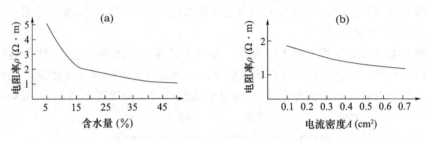

图 5.12　降阻剂的电阻率随含水量(a)、电流密度(b)的变化关系

(3)对接地体腐蚀性低

采用化学降阻剂后,整个接地体被紧密地包围在降阻剂中,如果降阻剂对接地体有强烈的腐蚀作用,会大大减小接地装置的使用寿命,造成不良后果。因此,要求降阻剂对接地导体应无腐蚀或者腐蚀性极低。

不同的降阻剂在不同的土壤环境中对不同导体的腐蚀速度,应通过试验的方法确定,腐蚀速度的测试可采用自然失重法或电化学方法来进行。下面主要介绍自然失重法。

自然失重法,即是将不同的金属材料构件用稀盐酸洗净、烘干,测算出它的表面积 S,用分析天平称其重量 W_1,然后用降阻剂包好金属构件,直接埋入土坑中,并回填夯实。过 N 天后,再将试品(即金属构件)挖出,经过洗净,用稀盐酸去掉被腐蚀的部分烘干,称出其重量 W_2,按下式计算出降阻剂对金属构件的腐蚀速度 v,即

$$v = \frac{\Delta W}{S} \cdot \frac{365}{N} \tag{5.20}$$

式中:v——金属构件腐蚀速度,单位:g/cm² · a;

　　ΔW——试件在 N 天内失去的重量(g);

　　N——试品被埋的天数(d);

S——试品的表面积(cm^2)。

自然失重法的主要优点是比较真实地反映了降阻剂对接地体的腐蚀情况。缺点是试验周期长,为了获得比较准确的腐蚀速度,往往需要数月的时间。

(4)无毒,对环境无污染

降阻剂中如果含有有毒的化学成分,对生产和施工中操作人员的健康均有危害。埋入土壤中,若经雨水或地下水的冲刷流散,对人、畜、鱼类及农作物均有危害,造成环境污染,这就有可能产生因小失大,得不偿失的恶果。日本在 20 世纪 80 年代生产的某些高分子树脂类降阻剂的某些成分具有毒性,已禁止使用。选用降阻剂时应特别注意,不应选取这样的降阻剂。目前国内研制开发了许多无毒无环境污染的降阻剂。

(5)价格低廉,来源广泛

对某一具体的接地工程采用化学降阻剂时,要进行技术、经济比较。

(6)施工操作简便

降阻剂的现场配制工序应尽量简单,以便现场使用方便。但有的降阻剂如尿醛降阻剂在配制时,需要对某些试剂加热溶解,这就给现场使用带来不便。

5.3.3　降阻剂的施工方法及用量计算

关于降阻剂的配制方法,可以参考产品使用说明书,当降阻剂配制好后,怎样灌入土壤中,对不同形式的接地体,其施工方法有所不同,大致可分为三种情况。

1. 垂直接地体的施工方法

垂直接地体使用降阻剂有两种施工方法。一是简单打入法。这种方法是先用铁锹挖成深为 75 cm 左右的钵形洞,将 1~3 根接地棒打入洞底,然后将配制好的降阻剂浆液顺接地棒倒入洞中,等降阻剂固化后回填泥土并夯实。另一种方法是钻孔法,多见于深井接地,这种方法是用钻机钻成直径为 10 cm 以上的圆孔,深度按设计要求,然后连接好接地棒,向下放到孔底,再将配制好的降阻剂浆液灌入孔内,直到灌满为止,等降阻剂浆液固化后回填泥土并夯实。夯实的目的是为了消除导体与降阻剂及降阻剂与土壤之间接触不好的情况。如果接地棒较长,可用直径较大的钢管做垂直接地体,在钢管下部的管壁上钻些小孔,用压力灌浆法,将降阻剂浆液灌入孔中。

2. 水平接地体或接地网的施工方法

水平接地体或接地网使用降阻剂时,根据设计好的接地装置布置图,按事先选择好的开沟形式挖好地沟,然后将接地导体布置好,注意用降阻剂固化物将导体支撑起来,再把配制好的降阻剂浆液倒入沟中,以保证降阻剂将整个导体都包住,待固化后回填土夯实即可[8]。

3. 混合接地体的施工方法

对于既有水平接地体,又有垂直接地体的接地装置,应先按设计要求用垂直接地体的施工方法敷设好垂直接地体,然后再按水平接地体的施工方法敷设好水平接地体,最后将二者焊接起来,其焊接点应用抗腐蚀的降阻剂包起来。

　　一般来说,对土壤进行化学处理的效果,基本取决于置换土壤的降阻剂的孔径或沟道的宽度深度,这些几何尺寸愈大,接地电阻降低率愈高,但是如果这些几何尺寸取得太大,耗费的降阻剂过多,造成不必要的浪费。因此,应该确定降阻剂在不同土壤电阻率情况下垂直或水平接地体每米用多少公斤降阻剂比较合适。一个用降阻剂的接地装置,需要用多少降阻剂,可以根据孔或坑的几何尺寸进行精确的计算。

参考文献

[1] 曾永林. 接地技术[M]. 北京:水利电力出版社,1979.

[2] 付良魁. 电法勘探教程[M]. 北京:地质出版社,1983.

[3] [英]GOLDE R H. 雷电(下卷)[M]. 周诗健,孙景群,译. 北京:电力工业出版社,1982.

[4] [美]夏里克·G. 接地工程[M]. 侯景韩,译. 北京:中国通讯学会,1988.

[5] 美国土壤实验有限公司. 地电阻率手册[M]. 纪渭,田荆,译. 武汉:湖北科技出版社,1985.

[6] 李桂中,黄咏才,等. 电气设备安全接地[M]. 南宁:广西电机工程学会,1986.

[7] 解广润,陈慈萱. 电力系统接地技术[M]. 北京:水电出版社,1991.

[8] 黄丽英. 不等间距地网电位分布的计算及模拟研究[D]. 重庆:重庆大学,1988.

第 6 章　接地参数测试

　　在电力工程中,选定了变电所或发电厂的厂址后,为了正确合理地设计接地装置,需要知道发电厂、变电所所在地的土壤电阻率,土壤电阻率只有通过现场测试获得。根据测定的土壤电阻率设计地网,在施工完成投入运行之前,要测量接地电阻、接触电压和跨步电压是否在规定范围内,或者在设计值范围内,在满足要求后才能投入运行。地网运行一段时间后,还要测试它是否满足安全要求。因此,接地参数的测试是变电所、发电厂地网设计、运行必不可少的工作。下面分别介绍土壤电阻率、接地电阻、土壤表面电位分布的测试原理和方法。

6.1　土壤电阻率测试

6.1.1　测量原理

　　现场测量电阻率的方法是以稳定电流场理论为基础的。前面已讲到物质的电阻率是指单位立方体该物质两相对面之间的电阻。由于土壤结构的复杂性以及含水量不同等原因,土壤电阻率可以在很大范围内变化,不可能用取样的方法获得大地电阻率。通常采用的方法有三电极法和四电极法。四电极法比三电极法更准确些,现在一般采用四电极法,四电极法又叫 Winner 法。下面介绍由四电极法确定电阻率的基本原理。

　　如图 6.1 所示,将 C_1、C_2、P_1、P_2 四根电极在一条直线上按等间距 a 打入地下,为了使打入的电极不影响地中电流分布,电极打入地下的深度 h 应满足 $h \ll a/20$。

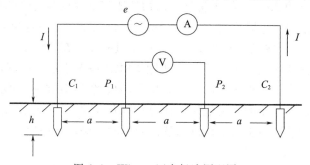

图 6.1　Winner 四电极法原理图

外侧两电极 C_1、C_2 为电流极,与交流或直流电源 e 串联,用电流表 A 测量入地电流,内侧两电极 P_1、P_2 为电压极,与电压表 V 相连,由于 C_1 和 C_2 流入和流出的电流均为 I,根据前面讲的点源电极附近电位的计算方式,可计算出 P_1 和 P_2 点的电位为:

$$U(P_1) = \frac{I\rho}{2\pi}\left(\frac{1}{a} - \frac{1}{2a}\right) \tag{6.1}$$

$$U(P_2) = \frac{I\rho}{2\pi}\left(\frac{1}{2a} - \frac{1}{a}\right) \tag{6.2}$$

则 P_1 和 P_2 两极之间的电位差,即电压表的读数为:

$$U_{P_1P_2} = U(P_1) - U(P_2) = \frac{I\rho}{2\pi a} \tag{6.3}$$

则土壤的电阻率为:

$$\rho_a = 2\pi a \frac{V}{I} \tag{6.4}$$

6.1.2　土壤电阻率实测数据的简易处理方法

根据美国土壤有限公司出版的《地电阻率手册》中提供的资料表明,ρ_a 代表离地面深度为 a 的土壤层的视电阻率,它表征着该层土壤的综合散流特性。根据这道理,如果是均匀的各向同性的土壤,则 a 无论取多大,测得的 ρ_a 就是该站区实际土壤的电阻率。但在实际工程中,站区土壤一般都是非均匀各向异性的,在这种情况下,按照接地规程中测量接地网接地电阻的理论和方法,a 选取 4~5 倍接地网最大对角线长度,测量的结果与实际比较接近,但是,a 取得太大,会给测量工作带来一定的困难。因此,一般采取短间距 a 值测量,大量现场测量 a 的取值是从几米到几十米,由此可以得到一系列的 ρ_a 值。理论上可以直接用测得的视电阻率来计算接地电阻和地表电位,且准确度较高,但计算比较复杂,需要的计算机存贮容量大,计算时间长。从工程角度来看也不必那样准确。但是在设计计算时,又只能用一个等值电阻率进行计算,这就涉及将若干 ρ_a 值等值为设计计算用的等值电阻率的处理问题。目前,这种等值处理的方法较多,如去掉所有测量数据中的最高和最低值后取算术平均值,Tagg 和 Gross 等人在大量理论分析与试验研究的基础上,提出将复杂结构的地下土壤用两层模型来描述的理论,及根据电流场理论推出视电阻率与上、下层土壤电阻率、上层土壤厚度,测量间距的关系公式,然后根据关系式在双对数坐标纸上作做出量板图。在实际工程中,将测量的视电阻率曲线与量板曲线比较分析可得上、下层土壤电阻率及上层厚度等,再经分析计算得到计算用等值电阻率等。由于站区占地面积大,测点数很多,在每一测点又有若干测量间距,无论选何点、何间距的实测值作为计算依据都不合适,而且比较繁杂。根据理论分析,参考国外的经验,在工程中可以用下面简单的方法进行处理。

1. 纵深分层土壤

为了研究纵深分层土壤的土壤等值电阻率问题,先对双层土壤进行分析,然后再考虑三层或多层土壤的情况。

如图 6.2 所示,把管形垂直电极视为一个瘦长形的旋转椭圆面,以其中心 O 为原点,采用正交椭圆双曲坐标,空间点的坐标为 (u,v,θ),u 为椭圆坐标,v 为双曲坐标,θ 为该点与 YOZ 面的夹角。则管形接地电极的电场的拉普拉斯方程式如下:

$$\frac{\partial}{\partial u}\left(\frac{u^2-r_0{}^2}{r_0}\frac{\partial V}{\partial u}\right)+\frac{\partial}{\partial v}\left(\frac{r_0{}^2-v^2}{r_0{}^2}\frac{\partial V}{\partial v}\right)+\frac{\partial}{\partial \theta}\left[\frac{r_0(u^2-v^2)}{(u^2-v^2)(r_0{}^2-v^2)}\frac{\partial V}{\partial \theta}\right]=0 \quad (6.5)$$

式中:r_0 为椭圆与双曲线共交点至原点的距离。

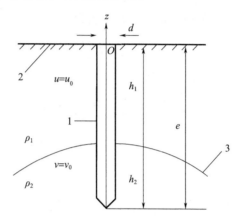

图 6.2　双层土壤的管形电极

1—管形电极;2—地表面;3—双层土壤截面

考虑到地中各点电位对旋转长椭圆电极的中心轴(即长轴 z)为对称,各椭圆面为等位面,故 V 同 θ 和 v 无关,(6.5)式可简化为:

$$\frac{\partial}{\partial u}\left(\frac{u^2-r_0{}^2}{r_0}\frac{\partial V}{\partial u}\right)=0 \quad (6.6)$$

这里,假定两层土壤的分界面正好与某一旋转双曲面吻合,如图 6.2 所示。

解(6.6)式所示的方程,考虑到 $l\gg d$,同时近似认为 $r_0=l$,可得电极表面电位:

$$V_0=\frac{Q}{4\pi\varepsilon l}\ln\frac{4l}{d} \quad (6.7)$$

式中:Q 为 $2l$ 长的椭圆电极上的总电荷。

当假定 $r_0=l$ 时,实质上是忽略管端电荷的不均匀分布状态,认为电荷在电极表面是均匀分布的,于是可求得,上层土壤中接地极段表面的总电荷:

$$Q_1=\frac{Q}{2l}h_1 \quad (6.8)$$

于是上层土壤中接地电极段表面电容为:

$$C_1=\frac{Q}{V_0}=\frac{Q}{V_0}\frac{h_1}{2l} \quad (6.9)$$

将(6.7)式代入(6.9)式得：

$$C_1 = \frac{2\pi\epsilon h_1}{\ln\dfrac{4l}{d}} \qquad (6.10)$$

由 $R_1 = \dfrac{\rho_1\epsilon}{C_1}$ 即可求得上层土壤中电极段的接地电阻值为：

$$R_1 = \frac{\rho_1}{2\pi h_1}\ln\frac{4l}{d} \qquad (6.11)$$

同样可以求得下层土壤中电极段的接地电阻为：

$$R_2 = \frac{\rho_2}{2\pi h_2}\ln\frac{4l}{d} \qquad (6.12)$$

总的接地电阻为 R_1 与 R_2 的并联值，即：

$$R = \frac{R_1 R_2}{R_1 + R_2} = \frac{1}{2\pi l}\frac{l\rho_1\rho_2}{h_1\rho_2 + h_2\rho_1}\ln\frac{4l}{d} \qquad (6.13)$$

把它和单层均匀土壤中垂直管电极的接地电阻计算公式 $R = \dfrac{\rho}{2\pi l}\ln\dfrac{4l}{d}$ 相比较，可得等值土壤电阻率：

$$\rho_e = \frac{l\rho_1\rho_2}{h_1\rho_2 + h_2\rho_1} = \frac{\rho_1\rho_2}{\dfrac{h_1}{l}\rho_2 + \dfrac{h_2}{l}\rho_1} = \frac{1}{\dfrac{h_1}{\rho_1} + \dfrac{h_2}{\rho_2}} \qquad (6.14)$$

这样就把双层不均匀土壤等效为单层均匀土壤而便于工程设计计算。对于3层不均匀土壤，可先将第1层和第2层土壤等值成一层土壤后，再与第3层土壤同样按(6.14)式2层土壤等值电阻率公式计算出等值电阻率：

$$\rho_{e_3} = \frac{(h_1+h_2)+h_3}{\dfrac{(h_1+h_2)}{\rho_e 2}+\dfrac{h_3}{\rho_3}} = \frac{h_1+h_2+h_3}{\dfrac{h_1}{\rho_2}+\dfrac{h_2}{\rho_1}+\dfrac{h_3}{\rho_3}} \qquad (6.15)$$

依此类推，可得 n 层土壤电阻率的等值电阻率为：

$$\rho_{e_n} = \frac{\sum_{i=1}^{n} h_i}{\sum_{i=1}^{n} \dfrac{h_i}{\rho_i}} \qquad (6.16)$$

2. 水平分块土壤

在工程中常会遇到土壤在水平方向分块的地质状况，如图6.3所示，水平接地网可能跨越在不同的分块上。为研究土壤分块时，土壤等值电阻率的处理，以下以水平接地网跨越两个分块的情况为例，求分块时土壤等值电阻率的处理[1]。

设水平接地网面积为 $A = A_1 + A_2$，A_1 部分的土壤电阻率为 ρ_1，A_2 部分的土壤电阻率为 ρ_2，两部分各自的接地电阻分别为 R_1、R_2 则有：

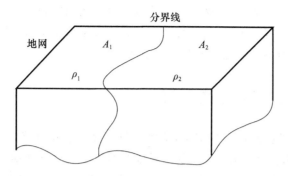

图 6.3　水平方向分块不均匀土壤中接地网示意图

$$R_1 = \frac{0.5\rho_1}{\sqrt{A_1}} \tag{6.17}$$

$$R_2 = \frac{0.5\rho_2}{\sqrt{A_2}} \tag{6.18}$$

则总的地网接地电阻应为 R_1、R_2 的并联值：

$$R = R_1 /\!/ R_2 = \frac{0.5\rho_1\rho_2}{\rho_1\sqrt{A_2} + \rho_2\sqrt{A_1}} \tag{6.19}$$

若这块土壤是均匀的,其等值土壤电阻率为 ρ_e,则有：

$$R = \frac{0.5\rho_e}{\sqrt{A}} \tag{6.20}$$

将(6.19)式代入,即可求得土壤分块时的等值土壤电阻率：

$$\rho_e = \frac{\rho_1\rho_2\sqrt{A}}{\rho_1\sqrt{A_2} + \rho_2\sqrt{A_1}} = \frac{\sqrt{A_1 + A_2}}{\dfrac{\sqrt{A_1}}{\rho_1} + \dfrac{\sqrt{A_2}}{\rho_2}} \tag{6.21}$$

若土壤分为 3 块,先将其中两块等值后再与第 3 块同样按(6.21)式作等值计算,可得土壤分为 3 块时的土壤等值电阻率为：

$$\rho_{e_3} = \frac{\sqrt{(A_1 + A_2) + A_3}}{\dfrac{\sqrt{(A_1 + A_2)}}{\rho_{e_2}} + \dfrac{\sqrt{A_3}}{\rho_3}} = \frac{\sqrt{A_1 + A_2 + A_3}}{\dfrac{\sqrt{A_1}}{\rho_1} + \dfrac{\sqrt{A_2}}{\rho_2} + \dfrac{\sqrt{A_3}}{\rho_3}} \tag{6.22}$$

依此类推,可得当土壤分为 n 块时的土壤等值电阻率为：

$$\rho_{e_n} = \frac{\sqrt{\displaystyle\sum_{i=1}^{n} A_i}}{\displaystyle\sum_{i=1}^{n} \dfrac{\sqrt{A_i}}{\rho_i}} \tag{6.23}$$

在对实测数据进行处理时,先将其所测区域分为若干块,分块时尽量把相邻的且电阻率实测值相近的点分为一块,然后将每块内各测点的相同间距的视电阻率平均,得到该块各间距下测得的视电阻率,然后按(6.16)式计算出该块土壤的等值电阻率,最后按(6.23)式计算整个所测区域土壤的等值电阻率。

6.2　接地电阻测试原理

　　根据前面介绍的接地电阻的定义,接地电阻是接地短路电流经接地装置向无穷远处自由流散时,接地装置的电位 V_0(以无限远处为参考点)与经接地装置流入地中的电流 I 的比值。但在接地电阻测量时,不可能将电流辅助电极 C 和电压辅助电极 P 放在无穷远处。而且,如图 6.4 电流不是向四周的土壤自由流散,而是受辅助电流极 C 位置的影响,这时地下电场的分布将会发生畸变,给测量带来误差。但在进行接地电阻测量时,无论辅助电流极 C 放在何处,都应测到接地装置的实际接地电阻值。下面从理论上分析把电压极布置在什么样的位置上才能消除测量误差,从而得到真实的接地电阻值[2]。

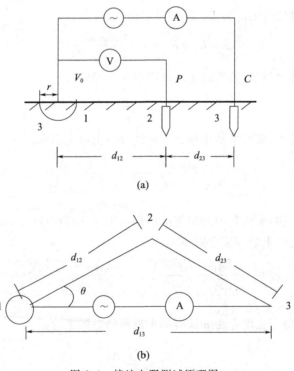

图 6.4　接地电阻测试原理图

(a)剖面图;(b)平面图

假定短路电流 I 从接地体 E 流入,从辅助电流极 C 流出,则接地体 E 的电位应是

E 本身电流 I 和辅助电流极 C 的电流 $-I$ 所形成的电位叠加。点 1 上的电位为：

$$U_1 = \frac{\rho I}{2\pi r} - \frac{\rho I}{2\pi d_{13}} = \frac{\rho I}{2\pi}\left(\frac{1}{r} - \frac{1}{d_{13}}\right) \tag{6.24}$$

同理，点 2 的电位为：

$$U_2 = \frac{\rho I}{2\pi d_{12}} - \frac{\rho I}{2\pi d_{23}} = \frac{\rho I}{2\pi}\left(\frac{1}{d_{12}} - \frac{1}{d_{23}}\right) \tag{6.25}$$

则 1、2 两点之间的电位差 $U_{12} = U_1 - U_2$，即：

$$U_{12} = \frac{\rho I}{2\pi}\left(\frac{1}{r} - \frac{1}{d_{13}} - \frac{1}{d_{12}} + \frac{1}{d_{23}}\right) \tag{6.26}$$

故用此法所测到的接地体上的接地电阻值为：

$$R' = \frac{U_{12}}{I} = \frac{\rho}{2\pi}\left(\frac{1}{r} - \frac{1}{d_{13}} - \frac{1}{d_{12}} + \frac{1}{d_{23}}\right) \tag{6.27}$$

而当土壤电阻率 ρ 均匀时，半球接地体的实际接地电阻为：

$$R = \frac{\rho}{2\pi r} \tag{6.28}$$

因此，测量误差为：

$$\Delta R = R' - R = \frac{\rho}{2\pi}\left(\frac{1}{d_{23}} - \frac{1}{d_{13}} - \frac{1}{d_{12}}\right) \tag{6.29}$$

此处：

$$d_{23} = \sqrt{d_{12}^2 + d_{13}^2 - 2d_{12}d_{13}\cos\theta} \tag{6.30}$$

故　　　　　$$\Delta R = \frac{\rho}{2\pi}\left(\frac{1}{\sqrt{d_{12}^2 + d_{13}^2 - 2d_{12}d_{13}\cos\theta}} - \frac{1}{d_{13}} - \frac{1}{d_{12}}\right) \tag{6.31}$$

要使测量结果符合实际值，即测量误差必须为 0，即 $\Delta R = 0$。要使 $\Delta R = 0$，有两种可能，一种情况是 d_{12}、d_{13}、d_{23} 都足够大，则它们的倒数为零，但这种方法测量引线太长，实测不方便，一般不采取。

另一种情况，令 $\Delta R = 0$，即有：

$$\frac{1}{\sqrt{d_{12}^2 + d_{13}^2 - 2d_{12}d_{13}\cos\theta}} - \frac{1}{d_{13}} - \frac{1}{d_{12}} = 0 \tag{6.32}$$

（1）当辅助电压极 P 位于接地体 E 与辅助电流极 C 的直线上时，即有 $\theta = 0$，$\cos\theta = 1$，则有：

$$\frac{1}{d_{13} - d_{12}} - \frac{1}{d_{13}} - \frac{1}{d_{12}} = 0 \tag{6.33}$$

令 $d_{12} = ad_{13}$，则上式变为：

$$\frac{1}{d_{13} - ad_{13}} - \frac{1}{d_{13}} - \frac{1}{ad_{13}} = 0 \tag{6.34}$$

即：
$$\frac{1}{1-a}-\frac{1}{a}-1=0 \qquad (6.35)$$

整理得：
$$a^2+a-1=0 \qquad (6.36)$$

解得：
$$a=\frac{-1\pm\sqrt{5}}{h}=0.618 \qquad (6.37)$$

即是：
$$d_{12}=0.618d_{13} \qquad (6.38)$$

如图 6.5 所示，图中 $D=2r$，r 为接地体的等值半径。从图中可以得出 d_{13} 从 1.5D 到 20D 变化的曲线族中，d_{12}/d_{13} 愈小，曲线愈陡。但各曲线确实都在 $d_{12}/d_{13}=0.618$ 处相交。这就说明，在直线布置电压和电流极时，电压极 P 离接地体 E 的距离 d_{12} 为电流极 C 离接地体 E 的距离 d_{13} 的 61.8％时，可以测到接地体 E 实际的接地电阻。

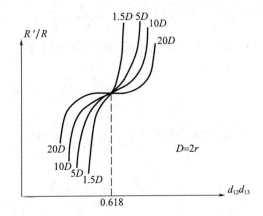

图 6.5　d_{13} 不同时，R'/R 与 d_{12}/d_{13} 理论关系曲线

（2）当电压和电流极为三角形布置时，若取 $d_{12}=d_{13}$，如图 6.6 所示，则将 $d_{12}=d_{13}$ 代入(6.32)式得：

$$\frac{1}{\sqrt{d_{12}^2+d_{12}^2-2d_{12}\cos\theta}}-\frac{1}{d_{12}}-\frac{1}{d_{12}}=0 \qquad (6.39)$$

$$2\sqrt{2(1-\cos\theta)}=1 \qquad (6.40)$$

解得：$\cos\theta=7/8$，即 $\theta=28.9°\approx29°$

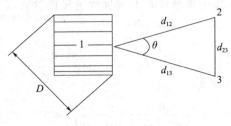

图 6.6　三角形布置

即当电压极 P 与电流极 C 离接地体的距离相等（$d_{12}=d_{13}$），且夹角为 29°时，可以测到接地体实际的接地电阻值。

从直观上看，在直线布置时，辅助电压极 P 似乎应放在 d_{13} 的 50% 处，因 50% 为零位点，但为什么要放在 0.618 的位置才能测到正确的接地体的接地电阻值呢？这就是因为实际的零位点在无穷远处，现在把它们移近了，必然会带来误差，使测得的结果偏小。为了补偿因零位点靠近接地体而引起的误差，需要将辅助电压极 P 从 50% 的零位点处移到 61.8% d_{13} 处，增加一些电压值修正测量结果，因此这种方法就称之为补偿法或 0.618 法。

当采用等腰三角形法测量时，虽然零位不是在 60°的零位点上，同样为了补偿因零位靠近接地体而引起的误差，需将辅助电压极 P 从 60°的零位处移到 $\theta \approx 29°$ 的非零位处。增加一些电压值修正测量结果，因此，这种测量方法亦为补偿法。

为了区别起见，前者称为直线补偿法，后者称为夹角补偿法，它们是目前规程所推荐的接地电阻测量方法。

大家应当注意，上述理论分析是在当接地体 E 的半径 r 为无限小，即点源电极的条件下才成立。但实际的接地网 r 比较大，因此必然会带来较大的误差。根据试验和理论分析，我国推荐采用 0.64 法或 25°法。

6.3　影响接地参数测试的因素和限制措施

6.3.1　影响因素

1. 地电阻率 ρ 不均匀时

前面的理论分析是在 ρ 均匀情况下进行的，若土壤电阻率 ρ 不均匀时，将给接地电阻的测量带来误差。在土壤具有一个或两个剖面结构时，采用 0.618 法的测量误差随剖面两侧电阻率变化而变化，变化越大测量误差越大。特别在被测接地网和电压极之间，或电压与电流极之间，如果存在一条有高电阻率地层（如冲沟、干涸河床等），采用 0.618 法误差极大，测量时应当注意[23]。

2. 大地集肤效应的影响

交流电流通过接地网向大地流散时，由于地的电阻率相当大，在接地网附近因感应电势而引起的电压降远小于电阻电压降，因而对接地网附近直流和交流的作用可以认为近似相同。但是当使用导线—大地回路来测量接地电阻时，由于交流电流在接地网和电流极间的广大区域内流动，就要在这区域内产生相当强的磁场，具有趋肤效应，使电流通过区域截面变小，电阻增大。

3. 极化效应的影响

当直流或交流在地网和辅助电流极 C 之间流动时，由于激发极化效应，在断开电源后,地面上两点间的电位并不立即降到零,而从某一数值开始近似于指数衰减,一般要经过几秒或几分钟后才降到零,如果采用注入大电流的电压电流法测量接地电阻后,如果立即又用摇表去测量,有可能会产生异常现象。

4.地中的自然电场和人工电场

自然电场有:化学电场、扩散电场、大地电流场及雷暴电场等,使大地带有一定电位。如果这电位与接地体电位之比较大就要考虑误差。

地中人工电场有:变压器中性点的零序电流、中性点不接地系统中的不平衡电流、直流装置的泄漏电流等产生的人工电场将在地网和电压极之间产生电位差,给测量带来误差。

5.地下金属管道

在测量电极的下面遇有金属管道使得电极与接地体之间的距离减小,因而减小接地电阻。

6.电压极与电流极引线间的互感

由于电压极和电流极引线往往是平行的(比如用架空线),因此当电流经电流极引线流动时,在电压极引线中会产生互感电势,使电压表测量电压增加,因而测得的接地电阻增大。

6.3.2　消除测量误差的措施

1)采用大电流注入法,即增大信噪比,降低干扰源给测量带来的误差。

2)利用移相电源或将电源反相,如图 6.7 所示,测量倒相前后两次测到的电压值 V_1、V_2 和断开电源测到的干扰电压 V_0,并按(6.41)式计算:

$$V=\sqrt{\frac{1}{2}(V_1^2+V_2^2)-V_0^2}　　　　　　(6.41)$$

如果干扰源的频率与测量电流频率不同,有 $V_1=V_2$,可按下式计算:

$$V=\sqrt{V_1^2-V_0^2}　　　　　　(6.42)$$

3)减小测量引线之间的互感电势带来的测量误差,可采用三角形电极布置或将引线尽量分开,一般情况下,电流极引线与电压极引线之间的距离应大于 10 m。比如可采用相隔较远的低压输电线分别作电压和电流极引线。但用架空线作电流极引线时,要把送电线路的架空地线与测定回路分开。

在有互感 M 的情况下,用倒相法测得的电压 V 将是接地网实际电压 IR 和互感压降 $j\omega MI$ 之矢量和,即有:

$$V^2=(IR)^2+(j\omega MI)^2　　　　　　(6.43)$$

由(6.43)式可以计算出地网的接地电阻 R 为:

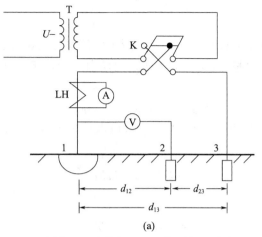

(a)

图中：T—电流变压器 (可使用站用配电变压器)
　　　K—倒相开关 (消除工频干扰用)
　　　V—电压表(要求用高内阻的表记)，A—电流表
　1—接地网，2—电压极，3—电流极，LH—电量互感器

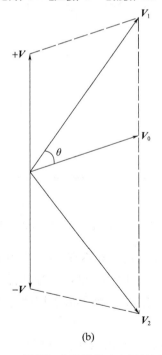

(b)

图 6.7　用倒相法测量接地电阻的原理图
(a)接线图；(b)矢量图

$$R=\sqrt{\frac{V^2-(j\omega MI)^2}{I^2}}\qquad\qquad(6.44)$$

引线间互感的影响也可以采用如图 6.8 所示的测量方法给以消除。图 6.8 中,在被测地网附近加一辅助电极 F,当电流 I 通过地网向地中流散时,G、F、P 各点的电位间的关系如下:

$$(V_{GP})_d=(V_{GF})_d+(V_{FP})_d\qquad\qquad(6.45)$$

由于电流极和电压极引线间存在互感,所以电压表测得的 G、F、P 各点间的电位差为:

$$\dot V_{GP}=(\dot V_{GF})_d+j\omega M_{GP}\dot I\qquad\qquad(6.46)$$

$$\dot V_{GF}=(\dot V_{GF})_d+j\omega M_{GF}\dot I\qquad\qquad(6.47)$$

$$\dot V_{FP}=(\dot V_{FP})_d+j\omega M_{FP}\dot I\qquad\qquad(6.48)$$

由于 GF 间的电流极和电压极引线相距较远,所以有 $M_{GF}\approx0$,$M_{GP}\approx M_{FP}$,由(6.45)式、(6.46)式、(6.47)式和(6.48)式,简化整理可得接地网的接地电阻:

$$R=\frac{V_{GP}{}^2+V_{GF}{}^2-V_{FP}{}^2}{2V_{GF}}\qquad\qquad(6.49)$$

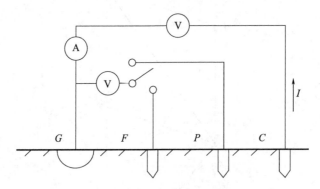

图 6.8　测量接地电阻的四电极法

应当注意,辅助电极 F 离地网的距离不宜过近,否则 V_{GF} 将过小。由(6.49)式不难看出过小的 V_{GF} 使 R 的计算误差大增。所以,在实际的测量中辅助电极可打在离地网边缘 $1/10\sim1/20$ 地网对角线距离处。为了减小辅助电极和电流极引线之间的互感,辅助电极和电流极最好成夹角布置。

超高压变电所大型接地网接地电阻较小,一般为 $0.1\sim0.5\ \Omega$,用电压降法测到的是接地网的阻抗,其中除了电阻分量外还有无功分量[4]。由于测量引线长,电压和电流辅助电极引线间的互感影响很大,因此测量中需要采用高阻抗的电压表,以免电压表的阻抗影响电阻值测量结果。为了区分有功与无功分量,可采用相位分析仪,测出电压与电流之间的相位。求有功分量,也可用瓦特表法。为了降低地电场(人工和自然)的干扰,可采用不同的频率测试,最后求得接近工频时的阻抗。为了降低辅助电极之间的影响,最好使引线远离,电压和电流辅助电极之间的夹角为 90°最佳。

6.4　接触电压和跨步电压测试

为了验证发电厂、变电所内接触电压和跨步电压是否满足人身和设备安全的规程要求,需要对跨步电压和接触电压进行实际测量,测量的原理如图 6.9 所示。当电流 I 通过接地网和电流辅助电极在地中流散时,将电压表 V 一端接电流入地点,另一端与放在被测电位点 I 的铜板相连接,电压表 V 的读数 $V_j = V_0 - V_1$ 为被测点 1 的接触电压。铜板面积是 26 cm×26 cm。式中 V_0 为地网电位,V_1 为被测点的电位。这样可以很方便地测量所或站内地面上任意一点的接触电压。

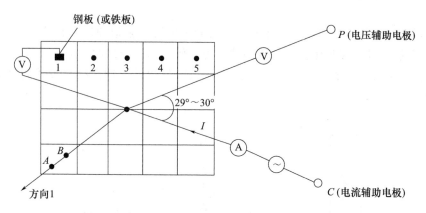

图 6.9　接触电压和跨步电压测试原理

在进行跨步电压测量时,可以在所内任何方向选择若干点,使得这些点之间的距离为规程规定的跨步距离,比如我国规定值为 0.8 m。如方向①上的 A、B 两点,先测出 A、B 两点的接触电压 V_{ja}、V_{jb}。则有:

$$V_{ja} = V_0 - V_A \tag{6.50}$$

$$V_{jb} = V_0 - V_B \tag{6.51}$$

即:
$$V_A = V_0 - V_{jA} \tag{6.52}$$

$$V_B = V_0 - V_{jB} \tag{6.53}$$

故有:
$$V_{AB} = V_A - V_B = V_0 - V_{jB} - (V_0 - V_{jB}) = V_{jB} - V_{jA} \tag{6.54}$$

通过(6.54)式就可算出方向①上的跨步电压分布。

因为在测量时,不可能加入实际系统的入地短路电流几千安或几十千安。一般只能加入几十到几百安,测得的接触电压和跨步电压应按比例尺放大。即:$U_实 = KU_测$,

式中 $K = I_实/I_测$。

注意事项：

① 线路避雷线与接地网应断开，避免架空地线分流；

② 电压、电流极应布置在与线路或地下金属管道垂直的方向上；

③ 应避免电流和电压引线平行接近；

④ 电流和电压极引线与接地网的连接点宜选在高压配电装置的接地处；

⑤ 在测量电压极铜板与地面接触不好的地方，可用重物将铜板压紧，或用水将地面浇湿。应尽量避免在雨后立即进行实测。

⑥ 在实测时，应随时监视地网电位升高，以防止由于地网电位升高，对一二次测试设备及人身安全造成危险。

6.5　冲击接地参数测试

在雷电冲击作用下接地体的冲击阻抗与冲击电流的幅值和波形有关，由于火花效应和电感效应，冲击接地阻抗是非线性的。为了较准确地测试冲击阻抗，需要高参数的冲击电流发生器。一般要 $1 \sim 100$ kA 的冲击电流发生器。冲击接地参数测试原理结线如图 6.10 所示[5]。

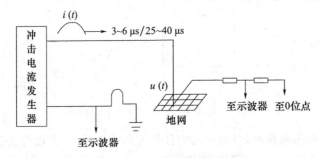

图 6.10　冲击接地参数测试原理图

根据地网冲击响应电流 $i(t)$ 和电压 $u(t)$ 的测量波形，取其幅值之比为冲击接地电阻：

$$R_{ch} = \frac{U_m}{I_m} \tag{6.55}$$

如果测量变电所或发电厂地面冲击电位分布，可将分压器与电流入地点的连接点解开，然后接一铜板电极放在要测量电位的点，仿照工频测跨步电压和接触电压的方法测量地网上土壤表面任意一点的电位随时间变化的波形，找出幅值，可给出土壤表面任意一方向的最大冲击电压分布曲线。

6.6　接地模拟试验

模拟试验研究之所以被广泛应用,一方面是由于模拟试验费用少,方便可行;另一方面通过模拟试验可以模拟地网的整个物理过程,了解各物理量之间的关系。此外,也可以作为数学模拟和计算机计算的补充,因为数学模拟是在做了一定的假设后,建立数学模型,再编制程序进行计算的,因此,在建立数学模型和计算机计算过程中都会出现一定误差。有时很难得到数学模型的误差估计式,对数值计算结果作误差估计非常困难,所以,数值计算结果的正确性可用模型试验进行验证。当然,模拟试验的正确性也可由计算结果加以验证,它们相辅相成。

6.6.1　工频接地模拟试验

1. 模拟比例尺

接地模拟试验是建立在相似原理基础上的一种物理模拟。将接地网(或接地体)的几何尺寸、埋设深度、注入地网的电流、土壤电阻率等参数,按一定的比例尺缩小,在模拟水池或砂池中进行。因此,这种模拟又叫几何模拟。根据模拟理论,工频接地的模拟比例尺为:

(1)地网尺寸比例尺 K_L:

$$K_L = L_网 / L_模 \tag{6.56}$$

式中:$L_网$ 和 $L_模$ 分别为实际地网和模拟地网的线性尺寸,单位:m。

(2)电阻率比例尺 K_ρ:

如果用水来模拟各向同性的均匀土壤,有:

$$K_\rho = \rho_水 / \rho_土 \tag{6.57}$$

式中:$\rho_土$ 和 $\rho_水$ 分别为实际土壤和自来水的电阻率,单位:Ω·m。

(3)接地电阻比例尺 K_R:

根据接地电阻与土壤电阻率成正比,与接地网的线性尺寸成反比的原则有:

$$K_R = K_\rho / K_L \tag{6.58}$$

(4)电流比例尺 K_I:

$$K_I = I_短 / I_模 \tag{6.59}$$

式中:$I_短$ 和 $I_模$ 分别为注入实际地网的短路电流和注入模型地网中的电流。由于用水模拟土壤,而水在一定的电流下会电解,如注入电流太大,模型导体表面电流密度大,易发热,使得导体周围电解强烈,致使导体变黑或产生电蚀;但电流太小又会影响测量精度。经实验研究认为,导体表面电流密度控制在 5 mA/cm² 左右为宜。

(5)电位比例尺 K_U:

$$K_U = K_I K_R = K_I K_\rho / K_L \tag{6.60}$$

2. 模拟试验装置

为了使模拟结果符合实际情况,除按上述原理正确确定各几何参量的比例尺寸外,更主要的是模拟池的形状和尺寸。从接地体在地中的电场分布来说,半球形模拟池是最理想的,但从施工的角度考虑,方池最容易实现,经研究表明,只要地网尺寸按比例尺缩小后其对角线为方池对角线的 10%～20%,即能保证测量精度。按此原则在重庆大学高压实验室建成了 10 m×10 m×2.5 m 的水池,可进行各种地网的模拟试验。模拟试验原理及其接线如图 6.11 所示。

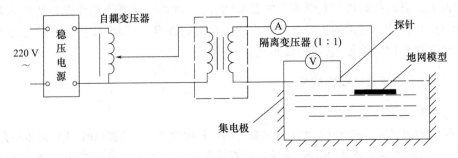

图 6.11　工频模拟试验接线原理图

模拟水池由砖砌成,混凝土衬里,集流电极由敷设在水池四周和底部的钢丝网组成。试验用测量仪表要求保证一定精度,电压表宜采用高内阻的。试验电位探针采用 ϕ 0.3 mm 的医药银针,它能前后、左右移动,可以测量模型地网上水面各点的电位。通过测量施加在地网模型上的电压和注入模型地网的电流,就可得到地网的接地电阻。

每次模拟试验都需要测定自来水的电阻率 $\rho_{水}$。它可用电导率仪测定,也可用标准铜半球放在水池中,测出其接地电阻 R_g 后,按 $\rho_{水} = 2\pi r R_g$ 计算(其中 r 为半球的半径),这样测量既方便、简单,而且准确。

重庆大学高压室还建成了一个 ϕ5 m 的半球型沙池,既可用来研究接地体的工频接地参数,又可用来研究接地体的冲击特性。

6.6.2　冲击接地模拟实验

自 20 世纪 30 年代以来,人们对输电线路杆塔接地装置的冲击特性表示出极大的关注,进行了不少研究,其中大部分是理论上的计算。但由于冲击电流经接地装置泄流时所产生的时变电场的复杂性,很难从理论上推导出比较精确的数学表达式,而只能从试验研究的角度出发来揭示接地装置的冲击特性。接地装置的冲击试验有两种方法:其一是真型试验。它必须具备大功率的冲击电流发生器和很大的试验场地,由于它很难改变土壤电阻率,加之人力物力的限制,因此真型试验只能少量的用来验证理论公式。其二是模拟试验。由于模拟试验简单,在冲击接地试验时它最大的优点是能够比较容易地改变土壤电阻率等参数,可方便地研究各种参数对冲击特性的影响。模拟试验的关键是模拟理论的推导。本节根据电磁场理论和相似原理详细地推导了模拟试验时各相关量之间的比例关系,介绍了冲击接地模拟试验方法和试验装置。

1. 冲击接地的物理模型

雷击输电线路及杆塔时,雷电流经过杆塔,然后从接地装置流散到大地。接地装置在冲击电流作用下,在其周围产生瞬变电磁场。当电场强度超过土壤的临界击穿场强时,接地装置周围的土壤被击穿,产生火花放电效应。被击穿土壤的电阻率急剧降到很低的值,相当于增大了接地装置的尺寸,冲击接地物理模型如图 6.12 所示。

图 6.13 中,s 是接地装置的特征尺寸,它为接地装置的几何中心在地面的投影点到接地装置最远点之间的距离。一定尺寸和形状,一定埋深的接地装置,s 是唯一的。

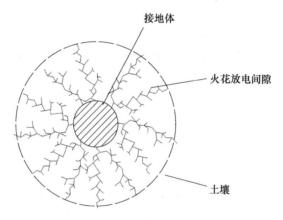

图 6.12　冲击接地的物理模型

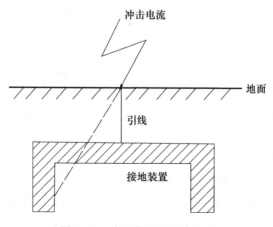

图 6.13　接地装置的特征尺寸

2. 冲击特征的模拟

(1)火花放电效应的模拟

冲击接地模拟的关键是保证对火花放电效应的模拟。为保证对火花放电效应的模拟必须使模拟系统对应点的电磁场相同,以及二者的媒质相同。因此模型和真正土壤的电阻率 ρ 和临界击穿场强 E_0 相同,即:

$$\rho_1 = \rho_2 \tag{6.61}$$

$$E_{01} = E_{02} \tag{6.62}$$

(6.61)式和(6.62)式中,ρ_1 和 E_{01} 表示真型接地系统的土壤电阻率和电场强度,ρ_2 和 E_{02} 表示模拟接地系统的土壤电阻率和电场强度。

媒质中波速相同,即

$$v_1 = v_2 \tag{6.63}$$

(2)时间的模拟

接地装置在冲击电流作用下产生的电磁场为时变电磁场。因此真型接地装置和模拟接地装置在土壤中产生的电磁场都必须满足自由电荷为零的电磁标量位的达朗贝尔方程:

$$\nabla^2 \psi_1 = \frac{1}{v_1^2} \frac{\partial^2 \varphi_1}{\partial t_1^2} \tag{6.64}$$

$$\nabla^2 \psi_2 = \frac{1}{v_2^2} \frac{\partial^2 \varphi_2}{\partial t_2^2} \tag{6.65}$$

上两式中:φ 为电磁标量,t 为时间。因模拟接地系统和真型接地系统对应点的电磁场相同,所以有:

$$\varphi_2 = \varphi_1 \tag{6.66}$$

如果模拟试验的接地装置的几何尺寸和埋深都按相同的比例尺 n 缩小,则真型和模型的特征尺寸有如下关系:

$$s_1 = ns_2 \tag{6.67}$$

即模拟系统的 x、y、z 坐标都按比例尺 n 缩小,由(6.66)式和(6.67)式有:

$$\nabla^2 \psi_2 = n^2 \nabla^2 \psi_1 \tag{6.68}$$

从(6.63)式~(6.66)式和(6.68)式可推导出时间的比例关系:

$$t_1 = nt_2 \tag{6.69}$$

(3)冲击接地电阻的模拟

接地装置的冲击特性一般用冲击接地电阻和冲击系数的大小来衡量[6]。冲击接地电阻是流过接地装置的冲击电压峰值和冲击电流峰值的比值。接地装置每一时刻的状态过程可用 5 个参量表示,即电流 $I(t)$(单位:A),土壤电阻率 ρ(单位:$\Omega \cdot m$),特征尺寸 s(单位:m),土壤击穿场强 E_0(单位:$V \cdot m^{-1}$)和接地装置的瞬时接地电阻 $r(t)$(单位:Ω)。由相似原理可写出如下相似判据：

$$\prod_a = \frac{i}{\rho^{z_1} s^{z_2} E_0^{z_3}} \tag{6.70}$$

$$\prod_b = \frac{i}{\rho^{y_1} s^{y_2} E_0^{y_3}} \tag{6.71}$$

用相似原理的量纲分析法，可得：

$$X_1 = -1, X_2 = 2, X_3 = 1$$
$$Y_1 = 1, Y_2 = -1, Y_3 = 0$$

代入（6.70）式和（6.71）式可得出相似判据：

$$\prod_a = \frac{i\rho}{s^2 E_0} \tag{6.72}$$

$$\prod_b = \frac{rs}{\rho} \tag{6.73}$$

由相似理论可知，如果两个系统相似则相似判据相等，因此有：

$$\prod_1 = \prod_2 \tag{6.74}$$

由（6.61）式、（6.62）式、（6.67）式、（6.72）式和（6.74）式可得出模拟试验和真型试验时冲击电流的比例关系：

$$i_1 = n^2 i_2 \tag{6.75}$$

（6.72）式和（6.73）式相乘可得到第三个相似数据：

$$\prod_0 = \frac{ir}{sE_0} = \frac{u}{sE_0} \tag{6.76}$$

由（6.62）式、（6.67）式和（6.76）式可得出模拟试验和真型试验时接地装置上的冲击电压的比例关系：

$$u_1 = nu_2 \tag{6.77}$$

（6.75）式和（6.77）式是模拟试验和真型试验时加在接地装置上的电流和电压瞬时值应满足的比例关系。由于波形的峰值点是电流和电压时变函数上的对应点，所以真型和模拟试验时的冲击电流峰值 I_{M_1} 和冲击电压峰值 U_{M_2} 必然满足：

$$I_{M_1} = n^2 I_{M_2} \tag{6.78}$$
$$U_{M_1} = n U_{M_2} \tag{6.79}$$

由（6.78）式和（6.79）式可得到冲击接地电阻的比例关系：

$$R_{M_1} = \frac{1}{n} R_{M_2} \tag{6.80}$$

（4）冲击电流的模拟

冲击电流幅值及波形直接决定接地装置的冲击特性。由（6.69）式、（6.75）式和（6.78）式可知，与实际冲击电流相比，模拟冲击电流波形的时间应缩小 n 倍，电流值小

n^2倍,即冲击电流幅值也缩小 n^2 倍。作为模拟试验时冲击电流波形和实际冲击电流波形上对应点的波头时间 τ 也应满足:

$$\tau_1 = n\tau_2 \tag{6.81}$$

(5)冲击系数的模拟

冲击系数 a 是冲击接地电阻 R_1 和工频接地电阻 R 的比值[7]。工频接地电阻可以说是反映接地装置和土壤导电性能的参数,它与所加的工频电流无关。工频接地电阻只与接地装置的尺寸及土壤电阻率有关。因此,相似判据可写为:

$$\prod_d = \frac{R}{\rho^{Z_1} s^{Z_2}} \tag{6.82}$$

从量纲分析法可得出 $Z_1 = 1, Z_2 = -1$,代入(6.82)式有:

$$\prod_d = \frac{Rs}{\rho} \tag{6.83}$$

由(6.61)式、(6.67)式和(6.76)式可得出工频接地电阻之间的比例关系:

$$R_1 = \frac{1}{n} R_2 \tag{6.84}$$

根据冲击系数定义,由(6.80)式和(6.84)式可得出冲击系数之间的比例关系:

$$a_1 = a_2 \tag{6.85}$$

3.模拟试验系统

在重庆大学高压实验室建有 $\phi 5$ m 半球形砂池,其试验原理如图 6.14 所示[8]。用细砂来模拟土壤,将砂池中的砂晒干或在砂池中加水和其他电阻率低的物质来改变土壤电阻率。砂池的外部是直径为 5 m 的半球形铁壳,用来作为集电极模拟无穷远处大地。冲击电流发生器产生的最大的冲击电流为 65 kA。在试验过程中可以容易地改变接地装置的几何尺寸和水平接地体的埋深、冲击电流的大小以及土壤电阻率。

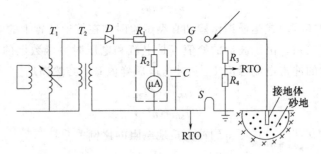

图 6.14　冲击接地模拟试验原理图

参考文献

[1] 甄丽. 三维地网仿真和模拟试验研究以及在接地工程中的应用[D]. 重庆:重庆大学,1980.

［2］何金良. 输电线路杆塔接地装置冲击特性研究［D］. 重庆：重庆大学，1991.

［3］刘坤. 发电厂、变电站计算机等弱电设备防护方法研究［D］. 重庆：重庆大学，1996.

［4］王旭东. 发电厂、变电站接地网电气连接故障点检测方法研究［D］. 重庆：重庆大学，1995.

［5］张晓玲. 变电站接地网腐蚀和断点的诊断理论与方法［D］. 重庆：重庆大学，1998.

［6］中华人民共和国电力工业部. 交流电气装置的接地DL/T621—1997［S］. 1998.

［7］中华人民共和国水利水电部. 水力发电厂接地设计技术导则 DL/T 5091—1999［S］. 1999.

［8］用新华. 三维地网数值计算及其设计方法研究［D］. 重庆：重庆大学，2001.

第 7 章　安全接地

电力系统的接地就其目的来说可分为工作接地、防雷接地和保护接地三种。

工作接地是由电力系统的运行需要而设置的(如中性点接地),因此在正常情况下就会有电流长期流过接地电极,但只是几安到几十安的不平衡电流(直流系统在单极运行时除外,此时会有数以千安计的工作电流长期流过接地电极)[1]。在系统发生接地故障时,则会有高达数十千安的工作电流流过接地电极,然而该电流会被继电保护装置在 0.05~0.1 s 内切除,即使是后备保护,动作一般也在 1 s 以内。

防雷接地是为了消除过电压危险影响而设的接地,如避雷针、避雷线和避雷器的接地。防雷接地只是在雷电冲击的作用下才会有电流流过,流过防雷接地电极的雷电流幅值可达数十至上百千安,但持续时间很短(数十微秒)。

保护接地是为了防止设备因绝缘损坏带电而危及人身安全所设的接地,如电力设备的金属外壳、钢筋混凝土杆和金属杆塔。保护接地只是在设备绝缘损坏的情况下才会有电流流过,其值可以在较大的范围内变动。绝缘损坏故障宜尽快切除。

电流流经以上三种接地电极时都会引起接地电极电位的升高,影响人身和设备的安全。为此必须对接地电极的电位升高加以限制,或采取相应的安全措施来保证设备和人身的安全。

7.1　人体的安全电流和安全电压

人体受到电击的伤害程度与通过人体的电流的大小和频率、电击的持续时间、电流通过人体的途径等因素有关。当通过人体的电流大小和持续时间超过安全值时,人就会因心室颤动、心跳停止或呼吸阻滞而死亡。大多数研究资料说明,当电流通过心脏时会产生心室纤维颤动,当电流通过神经中枢时可以引起呼吸中枢抑制及心血管中枢衰竭,此外电击所引起的呼吸肌痉挛性收缩也可造成窒息[2]。

7.1.1　人体的安全电流

许多研究资料说明,频率为 50~60 Hz 的工频电流对人体电击的伤害程度最为严重,通常 0.1 A 的工频电流通过人体就能致人死亡。但在 25 Hz 下,人体能允许通过的电流可稍增大,直流时人体允许通过的电流可达交流时的 5 倍。在高频情况下,人体能耐受的电流更大,例如频率为 20 kHz、0.1 A 的高频电流可作物理治疗用。这是因为集肤效应使电流直接流过心脏的比例相应减小的缘故。对雷电冲击来说,则由于其作用时间短,使人致死的冲击电流将更大,其值可达 20～40 A。

人体最小的感觉电流,工频时约为 1 mA,直流时约为 5 mA,冲击时约为 40～90 mA,当这些电流通过人的手或手指头时能觉察到有轻微的刺痛感。工频电流达到 2～6 mA 时,人会感到电击处强烈麻刺、肌肉痉挛,但人体还能控制肌肉释放握住的带电物体。在工频电流为 9～25 mA 的范围内,人会感到相当难受,而且由于肌肉的强烈痉挛,人体已不能自主,因而已难于或不可能松开握住的带电物体。电流再大时,呼吸肌的收缩将使呼吸发生困难,但当电流中断后即会消失,人一般还可以复活。直到电流达到约 0.1 A 时才会发生心室颤动,进而造成心跳停止而死亡,人在这种情况下一般是不能救活的。因此人体的安全电流主要取决于心脏颤动的起始电流值。

美国的达尔基尔(Dalziel)以统计方法综合了各种躯体和心脏大小与人体接近的动物试验结果,提出了在 0.03～3 s 的时间范围内人体开始发生心室颤动的电流(简称心颤电流)I_0(A,有效值)和人体吸收的能量有关,它们的关系是

$$I_0^2 t = K \tag{7.1}$$

式中,t 为电击时间(s);K 为实验导出的"能量常数",它是人体重量的函数[3]。

图 7.1 给出了 3 s 心颤电流随人体重量变化的曲线。图中下包线表示最大无心颤电流,上包线为起始心颤电流。该曲线对 99.5% 的人有效。根据下包线可得出与 70 kg 体重和 50 kg 体重相应的能量常数 K_{70} 和 K_{50} 分别为

$$K_{70} = (0.0907)^2 \times 3 = 0.0247$$
$$K_{50} = (0.067)^2 \times 3 = 0.0135$$

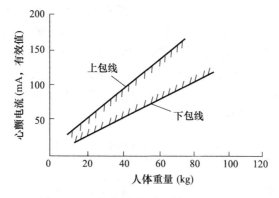

图 7.1　3 s 心颤电流随人体重量的变化

由此可得当人体重量为 70 kg 时,人体的安全电流为

$$I_b = \frac{0.157}{\sqrt{t}} (单位:A) \tag{7.2}$$

当人体重量为 50 kg 时,则安全电流为

$$I_b = \frac{0.116}{\sqrt{t}} (单位:A) \tag{7.3}$$

我国现行 SDJ8-79《电力设备接地设计技术规程》是参照 1976 年版 IEEE NO.80《变电站接地安全规程》,采用达尔基尔早期的数据制定的,当时取

$$K_{70} = 0.0272$$

因而有

$$I_b = \frac{0.165}{\sqrt{t}} (单位:A) \tag{7.4}$$

在 SD119-84《500 kV 电网过电压保护绝缘配合与电气设备接地暂行技术标准》中已改用(7.3)式。

还应指出,电流通过人体的途径,是造成电击伤与否的一个重要因素。当电流由一手进入而从另一手流出,或由一手进入而由一脚流出时,由于大部分电流通过包括心脏在内的人体的要害器官,所以会很快引起心室颤动。反之,当电流由一脚流进而从另一脚流出时,通常只造成不同程度的灼伤,而对全身影响较轻。研究说明,要在心脏区域产生相同的电流,脚到脚间允许通过的电流要比手到脚间或手到手间大得多,两者之比可以高达 25∶1。然而为保险起见,这一有利因素在接地安全设计时一般都不考虑。

人体允许通过的冲击电流(2.6/40 μs)很大,可达 20~40 A。

7.1.2 人体的电阻

在直流及工频的情况下,人体可视为一无感电阻。这个电阻通常是指从人的一只手到两只脚间或从一只脚到另一只脚间的电阻,但是无论在哪种情况下,此电阻都很难确定,大量研究表明,当人体皮肤干燥、洁净和无损伤时,包括皮肤电阻在内的人体电阻有时可高达几万欧姆;当人体皮肤浸湿后,电阻可下降到 1000~3000 Ω。若除去皮肤,则人体电阻只有 300~500 Ω 左右。表 7.1 和表 7.2 是华东电力试验研究所和北京电力试验研究所对人体电阻测量的结果。

表 7.1 不同电流强度对人体的影响

直流 110~800 V	交流 110~380 V	对人体的影响
<80 mA	<80 mA	1. 呼吸肌轻度收缩 2. 对心脏无伤害

续表

直流 110~800 V	交流 110~380 V	对人体的影响
80~300 mA	25~80 mA	1. 呼吸机痉挛 2. 通电时间超过 25~30 s,可发生心室纤维颤动或心跳停止
300~3000 mA	80~100 mA	1. 直流电有引起心室纤维颤动的可能 2. 直流电接触 0.1~0.3 s 即能引起严重心室纤维颤动
	>3 A(3000 V 以上)	1. 心跳停止 2. 呼吸肌痉挛 3. 接触数秒以上即可引起严重灼伤致死

表 7.2　对三个人进行的人体电阻测量

序号	接触电压 (V)	接触情况	通过人体电流 (mA)	人体电阻 (Ω)	人体感觉
1	4.3	干手,单手轻碰	≈0		无感觉
2	4.3	湿手,单手接触极板(半径 10.5 cm)	0.8	5400	无感觉
3	4.3	湿手,单手接触极板(半径 10.5 cm)	2.0	2150	手麻抖
4	4.3	湿手,双手上下接触极板(半径 10.5 cm)	3.5	1230	手麻抖
5	6.7	湿手,单手接触极板(半径 10.5 cm)	3.1	2160	手麻抖
6	6.7	湿手,双手上下接触极板(半径 10.5 cm)	4.6	1450	手麻抖,脚麻
7	21.1	干手,单手接触极板(半径 8 cm)	4.6	4600	手和腕臂麻抖
8	21.1	干手,单手接触极板(半径 6 cm)	2.7	7800	手麻抖
9	21.1	湿手,三个手指接触极板(半径 10 cm)	3.7	5700	手麻抖

注:1. 试验地点为水田,水深 200 mm,脚踏入泥中约 100 mm,双脚站在铁板上;
　　2. 水田中温度为 37 ℃,浑水电阻率为 10.85 Ω·m,清水电阻率为 16 Ω·m;
　　3. 人体电阻系数由接触电压除以人体电流算出。

考虑到人体的皮肤可能会处于下列不利条件下:由于环境的影响或出汗而使皮肤潮湿,皮肤的某些地方有损伤或者皮肤上带有导电性的粉尘等,因此在进行安全设计时一般都把人体电阻取为 1000~1500 Ω[4]。我国在接地安全设计时取人体电阻为 1500 Ω。

7.1.3　安全电压

将安全电流 I_b 乘以人体电阻 R_b,即可得人体的安全电压 U_b 为

$$U_b = I_b R_b \tag{7.5}$$

在大接地短路电流系统中,单相或两相接地故障不会长期存在,此时只要把由(7.3)式或(7.4)式决定的短时安全电流代入(7.5)式即可求得允许作用于人体的短时安全电压为

$$U_b = \frac{0.165}{\sqrt{t}} R_b \tag{7.6}$$

或
$$U_b = \frac{0.016}{\sqrt{t}} R_b \tag{7.7}$$

取人体电阻 $R_b = 1500\ \Omega, t = 1\ s$，即可算出人体在 1 s 内所能承受的电压为170 V 或 250 V。

在小接地短路电流系统中的单相接地故障一般不会迅速切除，因此允许作用于人体的安全电压应相应降低。按我国现行接地规程的规定可取为 50 V。

此外根据劳动环境条件的不同，我国规定的安全电源电压为：

在没有高度危险的建筑物中为 65 V；

在有高度危险的建筑物中为 36 V；

在特别危险的建筑物中为 12 V。

但是不能认为这些电压是绝对安全的，在人体汗湿、皮肤破裂时，长时间触及安全电源电压，也可能受电击而致命。

7.1.4　人体允许的跨步电势和接触电势

人体允许的跨步电势为
$$E_{ky} = U_b \frac{R_b + 6\rho}{R_b} \tag{7.8}$$

把(7.6)式或(7.7)式代入上式，取 $R_b = 1500\ \Omega$，则可得在大接地短路电流系统中人体允许的跨步电势为
$$E_{ky} = \frac{174 + 0.7\rho}{\sqrt{t}} \tag{7.9}$$

或
$$E_{ky} = \frac{250 + \rho}{\sqrt{t}} \tag{7.10}$$

取 $U_b = 50$ V，则可得在小接地短路电流系统中人体允许的跨步电势为
$$E_{ky} = 50 + 0.2\rho \tag{7.11}$$

同样，人体允许的接触电势为
$$E_{jy} = U_b \frac{R_b + 1.5\rho}{R_b} \tag{7.12}$$

据此可写出，在大接地短路电流系统中人体允许的接触电势为
$$E_{jy} = \frac{174 + 0.17\rho}{\sqrt{t}} \tag{7.13}$$

或
$$E_{jy} = \frac{250 + 0.25\rho}{\sqrt{t}} \tag{7.14}$$

在小接地短路电流系统中人体允许的接触电势为

$$E_{jy}=50+0.05\rho \tag{7.15}$$

不难看出,提高人体允许的跨步电势和接触电势最有效的方法是增大地表的土壤电阻率 ρ,例如采用砾石或沥青混凝土路面[5]。

　　然而应该注意,砾石或沥青混凝土路面的采用实际上就是将人体与大地零位面间进行了一定程度的隔离或绝缘(参看图 7.2),此时站在沥青混凝土路面的人体就会因静电感应而带有一定的电位,其值可由下式决定

$$V=\frac{C_1}{C_1+C_2}U \tag{7.16}$$

式中, C_1 为人体与高压导线之间的电容; C_2 为人体与接地网之间的电容; U 为高压线对地的电压,这样当人体接触到接地设备的外壳或杆塔时,已被充电到 V 的人体与接地网之间的电容 C 就会通过人体的电阻 R_b 放电,如图 7.2 中的虚线所示。这一放电电流可由下式求得

$$i=\frac{\sqrt{2}V}{R_b}\mathrm{e}^{-\frac{t}{C_2R_b}}=\frac{\sqrt{2}UC_1}{R_b(C_1+C_2)}\mathrm{e}^{-\frac{t}{C_2R_b}} \tag{7.17}$$

取 $C_1=5$ pF, $C_2=200$ pF,则当人处在 220 kV、330 kV 及 500 kV 高压导线下时,人体的感应电位 V 可估算为 3 kV、4.5 kV 和 7 kV。取人体电阻为 1500 Ω,则在人接触接地设备的外壳或杆塔时,通过人体的电流幅值将分别为 2.8 A、4.2 A 和 7 A。放电的时间常数则为 0.3 μs。这一电流通过人体时能使人精神紧张和感到不适,但由于其持续时间很短,衰减又快,因此不会造成对人体的危害。

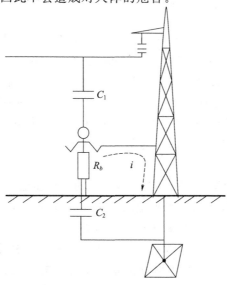

图 7.2　人体的静电感应电位

7.2　人体电击时的等效电路

7.2.1　通过人体的电流路径

应当指出,上述的讨论都与流过人体的电流路径有关。例如手对单脚或手对双脚之间的路径,其中大部分电流要通过包括心脏在内的人体重要器官。通常认为,电流从一只脚流到另一只脚时,其危险性很小。根据德国 Loucks 的试验结果,要在心脏部位引起同样的电流,脚对脚流过的电流要比手对脚大得多,其比率高达 25:1。当所考虑的路径是从一只脚到另一只脚时,如果具备适当的条件,则容许通过的电流比计算得到的值要大得多[6,7]。但应考虑下列因素:

(1)对两脚之间的电压应是使人感到痛苦,并有可能因电流流过胸部导致人跌倒,但不是致命的。而这里的危险主要取决于故障的持续时间与重合闸时连续故障的概率。

(2)在故障发生时,这时工作人员可能在倾斜的状况下进行工作或者休息。

如果由于上述原因引起的事故很少,与手对脚之间的电流值相比,则脚对脚之间的容许电流值将会增大,甚至可达 10 倍以上。但是实际应用中,不能取那么大的值。显然,由脚对脚接触引起的危险性远远小于其他方式引起的危险。不过,根据运行经验,因脚对脚接触引起的伤亡曾经发生过,因此其危险性也不能有所忽视。

7.2.2　电击事故的主要类型

电击事故的主要类型可分为接触电击、跨步电击和转移电势可起的电击三种,如图 7.3 所示。接触电击是由于接触电压引起的。接触电压是指接地短路电流或故障电流流过接地装置时,大地表面形成电位分布,在地面上离设备水平距离为 0.8 m 处与设备外壳、构架或墙壁离地面的垂直距离为 1.8 m 处两点间的电位差。人体接触两点时所承受的电压称为接触电压 U_T,如图 7.4 所示。在电力系统发变电站接地网孔中心对接地网接地体间的最大电位差,称为最大接触电位差,人体接触两点时所承受的电压,称为最大接触电压[8]。

跨步电击是由于人体承受的跨步电压引起的。跨步电位差指接地短路电流或故障电流流过接地装置时,地面上水平距离为 0.8 m 的两点间的电位差。人的两脚接触该两点时所承受的电压,称为跨步电压 U_S,如图 7.5 所示。转移电势指接地短路电流或故障电流流过接地装置时,由一端与接地装置相连的金属导体传递的接地装置对地电位[9]。图 7.6 所示为转移电位差 U_{TR} 引起电击的范例,可以将它看作"接触"触电的一种特殊形式。如果工作人员站在变电站内接触一个在远处接地的导体,或者是站在远处的人触摸与变电站接地网相连的导体,这时电击电压基本上等于故障条件下接地网的全部地电位升,而不是常见跨步或接触触电时只承受地电位升的一小部分。

接触电压、跨步电压与人手的接触电阻、鞋的电阻、脚的接地电阻和人体电阻有关。一般来说,人手的接触电阻很低,可以假设为零;而鞋的电阻变化很大,对潮湿的皮革来说,其值很小,也可以假设为零。

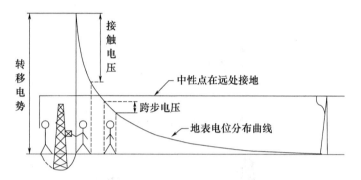

图 7.3　电击分类示意图

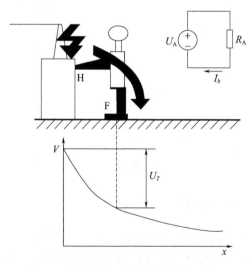

图 7.4　接触电击示意图及等效电路模型

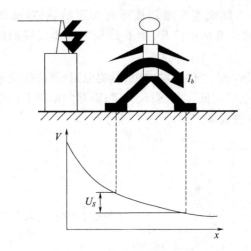

图 7.5　跨步电击示意图

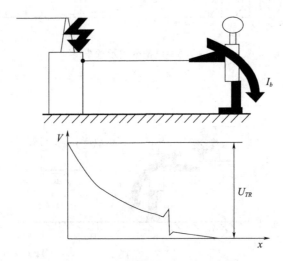

图 7.6　转移电势引起的电击示意图

7.2.3　电击时的等效电路模型

国外有很多学者对电击时的等效电路模型进行了分析[10,11]。图 7.4 所示为故障电路对接地装置放电时,人体接触一个与接地装置具有相同电位的接地的金属结构物 H 时的情况及对应的电击时的等效电路模型,人体站在地面 F 处,与地面具有一个较小的接触面积。人体作为等效电路的一部分,图中 I_b 为通过人体的电流,R_A 为事故电路总电阻,U_A 为事故电路总电压。事故电路可以采用图 7.7 所示的分布参数电路进行等效,该电路对应的 Thevenin(戴维南)等效电路如图 7.8 所示,图中 R_A 为接地装置对无穷远处的零电位点的接地电阻;R_C 在接触电击时为一只脚对无穷远处的零电位点的接地电阻的一半,即 $R_C = R_F/2$,如果在跨步电击时,$R_C = R_F/2$;R_M 为接地装置与脚之间的互电阻;I_F 为故障电流;I_b 为流过人体的电流;I_G 为流入接地装置的电流。图中的戴维南等效电压 U_{TH} 为端子 H 和 F 之间的电压,戴维南等效阻抗 Z_{TH} 为从 H 和 F 看进出时所有系统的电压源短路时的系统阻抗。因此通过人体的电流 I_b 为:

$$I_b = \frac{U_{TH}}{Z_{TH} + R_B} \tag{7.18}$$

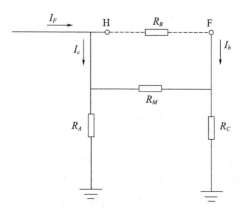

图 7.7 电击事故时的等效电路

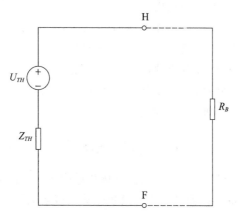

图 7.8 Thevenin(戴维南)等效电路模型

在双脚接触地面时,脚的接地电阻对人体电流值有明显的影响。脚可以看作半径 b 约为 8 cm 的表面圆板式电极,脚的接地电阻 R_F,可根据所接触的地面的电阻率 $\rho(\Omega \cdot m)$ 来计算,根据前面介绍的圆板电极接地电阻的计算公式来进行计算:

$$R_F = \frac{\rho}{4b} \tag{7.19}$$

每只脚的接地电阻约为 $3\rho(\Omega)$。在进行发变电站设计时,上式的计算结果是没有考虑存在的发变电站地网时得到的,如果要考虑到存在的接地网,计算过程将比较复杂,得到的计算结果大于上式的计算结果。

计算接触电压和跨步电压时需要得到图 7.8 中戴维南电路的等效阻抗。Dawalibi 等[10,11]对等效阻抗进行了详细的讨论。但为了保守起见,跨步电击时,两脚的串联电阻约为 $6\rho(\Omega)$;而接触电击时,两脚的并联电阻约为 $1.5\rho(\Omega)$。采用这些等值电阻将导致计算得到的流过人体的电流过大。

因此,接触电击和跨步电击时作用于人体的接触电压 U_T 和跨步电压 U_S 分别为:

$$U_T = (R_B + 1.5\rho)I_b \tag{7.20}$$

$$U_S = (R_B + 6\rho)I_b \tag{7.21}$$

7.3　安全设计的概率统计法

在传统的接地设计中,在讨论人体的允许跨步电势和接触电势时,都是把人体电阻 R_b、人脚与地间的接触电阻 R_0 以及接地短路存在的时间 t 作为单一值来计算的[12]。实际上,人体电阻可以随着人体的重量,皮肤的潮湿程度,电流流经人体的途径以及作用在人体上的电压值的不同而在较大的范围内变动。人脚和地间的接触电阻则和气候条件、脚和土壤的接触面积、地面表层的电阻率以及人体重量等诸多因素有关[13]。短路存在的时间也不是常数。安全设计概率统计法认为,人体电阻 R_b、人脚和地间的接触电阻 R_0 以及短路存在的时间 t 等三个量将以随机变量的形式出现,在此基础上求出人体允许承受的跨步电势和接触电势的概率分布函数 $F(E)$。这样在给出地网上可能出现的跨步电势和接触电势的概率密度分布函数 $f(V)$ 后,地网上出现跨步电势和接触电势危及人身安全的概率 P_1 即可由下式求得

$$P_1 = \int_0^\infty f(V)F(E)\mathrm{d}s \tag{7.22}$$

由于概率密度分布函数 $f(V)$ 通常可以根据现场测量或运行数据给出,所以安全设计概率统计法的关键就在于求取人体允许承受的跨步电势和接触电势的概率分布函数 $F(E)$。

7.3.1　人体所能耐受的电势的概率分布函数

由(7.8)式和(7.12)式可知,人体允许的跨步电势和接触电势可写成

$$E_{ky} = \frac{0.116}{\sqrt{t}}(R_b + 6\rho) \tag{7.23}$$

和
$$E_{jy} = \frac{0.116}{\sqrt{t}}(R_b + 1.5\rho) \tag{7.24}$$

式中带有 ρ 的项实际上就是人脚和地间的接触电阻 R_0。因此 E_{ky} 和 E_{jy} 与随机变量 R_b、R_0 和 t 间有下列关系

$$E_{ky} = \frac{aR_b + bR}{\sqrt{t}} = \frac{Z}{\sqrt{t}} \tag{7.25}$$

和
$$E_{jy} = \frac{cR_b + dR_0}{\sqrt{t}} = \frac{Z'}{\sqrt{t}} \tag{7.26}$$

式中
$$Z = aR_b + bR = aR_b + Y \tag{7.27}$$
$$Z = cR_b + dR_0 = cR_b + Y' \tag{7.28}$$

其中 Z、Y、Z'、Y' 均为中间随机变量；a、b、c、d 则为常数。

如果已知随机变量 R_b 和 R_0 的概率密度分布函数 $f(R_b)$ 和 $f(R_0)$，则中间随机变量 Z 和 Z' 的概率密度分布函数将为

$$f(Z) = \frac{1}{ab}\int_0^\infty f\left(\frac{Z-Y}{a}\right)f\left(\frac{Y}{b}\right)\mathrm{d}Y \tag{7.29}$$

和
$$f(Z') = \frac{1}{cd}\int_0^\infty f\left(\frac{Z'-Y'}{c}\right)f\left(\frac{Y'}{d}\right)\mathrm{d}Y' \tag{7.30}$$

当 $f(R_b)$ 和 $f(R_0)$ 为均匀分布函数时(图 7.9)，可以求得 $f(Z)$ 和 $f(Z')$ 为梯形分布函数，以 $f(Z)$ 为例(图 7.10)，其中 Z_1、Z_2、Z_3、Z_4 和 $f(Z)_{max}$ 在 $b(R_{b2}-R_{b1}) > a(R_{02}-R_{01})$ 时分别为

$$\begin{cases} Z_1 = aR_{b_1} + bR_{01} \\ Z_2 = aR_{b_2} + bR_{01} \\ Z_3 = aR_{b_1} + bR_{02} \\ Z_4 = aR_{b_2} + bR_{02} \\ f(Z)_{max} = \dfrac{1}{b(R_{02}-R_{01})} \end{cases} \tag{7.31}$$

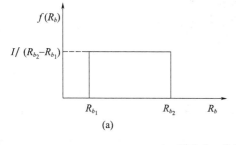
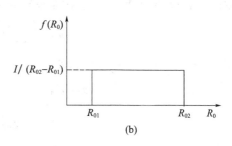

图 7.9　均匀分布函数

(a) $f(R_b)$ 函数，(b) $f(R_0)$ 函数

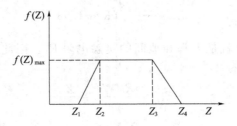

图 7.10 梯形分布的 $f(Z)$ 函数

在 $(R_{b_2} - R_{b_1}) > b(R_{02} - R_{01})$ 时,则有

$$
\begin{cases}
Z_1 = aR_{b_1} + bR_{01} \\
Z_2 = aR_{b_1} + bR_{02} \\
Z_3 = aR_{b_2} + bR_{01} \\
Z_4 = aR_{b_2} + bR_{02} \\
f(Z)_{max} = \dfrac{1}{b(R_{b_2} - R_{b_1})}
\end{cases}
\tag{7.32}
$$

当 $f(R_b)$ 和 $f(R_0)$ 为正态分布函数时,$f(Z)$ 和 $f(Z')$ 也将按正态分布。$f(Z)$ 和 $f(Z')$ 的数学平均值 μ_z 和 μ_z' 以及标准偏差 σ_z 和 σ_z',可由 $f(R_b)$ 和 $f(R_0)$ 的数学期望 μ_{R_b} 和 μ_{R_0} 以及标准偏差 σ_{R_b} 和 σ_{R_0} 求出为

$$\mu_z = a\mu_{R_b} + b\mu_{R_0} \tag{7.33}$$

$$\sigma_z = a^2\sigma_{R_b}^2 + b^2\sigma_{R_0}^2 \tag{7.34}$$

$$\mu_z' = c\mu_{R_b} + d\mu_{R_0} \tag{7.35}$$

$$\sigma_z' = c^2\sigma_{R_b}^2 + d^2\sigma_{R_0}^2 \tag{7.36}$$

为求 E_{ky} 和 E_{jy} 的概率密度分布函数,还必须计入随机变量 t 的作用。通常随机变量 t 是离散型函数。在数学上,已知当 $x = \dfrac{Z}{\sqrt{y}}$,其中 Z 和 y 为随机变量,而 y 为离散型函数时,概率密度函数 $f(x)$ 可由全概率理论导出为

$$f(x) = \sum_{i=1}^{n} f_1\left(\frac{Z}{\sqrt{y_i}}\right) P\sqrt{y_i} \tag{7.37}$$

式中 $f_1(Z/\sqrt{y_i})$ 是 Z 的条件密度函数。

当 $f(Z)$ 为正态分布函数时,即

$$f(Z) = \frac{1}{2\pi\sigma_z} e^{-\frac{1}{2}\left(\frac{z-\mu_z}{\sigma_z}\right)^2} \tag{7.38}$$

时,则有
$$f_1(Z/\sqrt{y_i}) = \sqrt{y_i} f(\sqrt{y_i} x) \tag{7.39}$$

把 (7.47) 式代入 (7.48) 式可得

$$f_1(Z/\sqrt{y_i}) = \frac{1}{2\pi\sigma_z/\sqrt{y_i}} e^{-\frac{1}{2}\left(\frac{\sqrt{y_i}x - \mu_z}{\sigma_z}\right)^2} \tag{7.40}$$

再把(7.49)式代入(7.46)式,即可最终得出

$$f(x) = \sum_{i=1}^{n} \frac{P(\sqrt{y_i})}{2\pi\sigma_z/\sqrt{y_i}} e^{-\frac{1}{2}\left(\frac{x-\mu_z/\sqrt{y_i}}{\sigma_z/\sqrt{y_i}}\right)^2} \tag{7.41}$$

取 $x = E_{ky}$ 或 E_{jy},$y_i = t_i$,便可求得 E_{ky} 和 E_{jy} 的概率密度分布函数。

计算说明 R_b 和 R_0 的两种分布(均匀分布和正态分布)下,所得的 $f(E)$ 和 $F(E)$ 曲线相差不大。

7.3.2　人身安全事故概率

不难看出 P_1 只是地网上可能出现危及人身安全的跨步电势或接触电势的概率,实际上只有当人出现在此危险电势下时才会造成人身安全事故。设人出现在危险电压下的概率为 P_2,则总的人身安全事故概率 P 应为

$$P = P_1 P_2 \tag{7.42}$$

因为接地故障的发生是偶然的,所以在所研究的这一段时间内,接地故障的随机数 K 服从泊松分布。其相应的概率 P_K 为

$$P_K = \frac{(f_f)^K}{K!} e^{-f_f} \tag{7.43}$$

式中 f_f 为所研究的这一段时间内接地故障的平均次数。

由于发生接地故障这一事件和人出现在现场这一事件都可能发生在这段时间内的任何时刻,即它们的起始点在所研究的这段时间内是均匀分布的。这样,在这一时间内,发生一次故障,人体出现一次,而又没有受到危险电压的概率为

$$q = 1 - \frac{T_f + T_e}{T} + \frac{T_f^2 + T_e^2}{2T^2} \tag{7.44}$$

式中,T_f 为一次故障的平均持续时间;T_e 为人体出现一次的平均持续时间;T 为研究时间。

设 f_e 为在研究的这一段时间内出现在现场的平均人次数,K 为接地故障的次数,则在这段时间内人没有受到危险电压的概率为

$$P = q^{Kf_e} \tag{7.45}$$

至少一次受到危险电压的概率为

$$P_1 = 1 - q^{Kf_e} \tag{7.46}$$

将(7.43)式和(7.46)式相乘,再对 K 求和,即可得人触及危险电压的概率为

$$P_2 = \sum_{k=1}^{n} \frac{(f_f)^K}{K!} (1 - q^{Kf_e}) e^{-f_f} \tag{7.47}$$

式中所用到的 f_t、f_e、T_f、T_e 可自运行资料取得。

7.4　低压系统的接零与接地保护

在发、变电站中,由于变压器中性点的工作接地和设备外壳的保护接地处于同一地网内,所以在中性点直接接地的系统中,当电气设备因绝缘损坏而使外壳带电时,就会形成较大的短路接地电流而使断路器跳闸,以切除故障[14,15]。再加地网中采取了均压措施,而且接地电阻通常又很小,因此在发、变电站中,因电气设备外壳带电而发生触电事故的危险率是很低的。然而应该注意,在中性点直接接地的 380/220 V 低压交流三相四线制系统中情况就不同了。由于在低压系统中用电设备的保护接地和电源的工作接地通常不在一处,此时无论设备采用保护接地与否,均不能防止人体遭受触电的危险。所以在低压系统中由于电气设备外壳带电而造成触电的事故率很大,应该采取保护接零并重复接地的措施。

7.4.1　接地保护

由图 7.11 可见,如果在电气设备的外壳没有接地保护,则当电气设备因绝缘损坏而使外壳带电(简称火线接壳)时,设备外壳上将长期存在着电压。当人体触及这个外壳时,就会有电流流过人体。其值可由下式求得

$$I_b = \frac{U}{R_b + R_0} \tag{7.48}$$

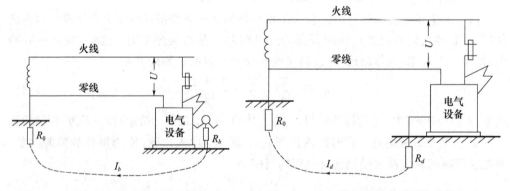

图 7.11　电气设备外壳没有接地保护时　　　图 7.12　电气设备的外壳采用接地保护时

式中,U 为电源相电压,可取为 220 V;R_0 为电源中性点的工作接地电阻,其值一般为 4 Ω;R_b 为人体以及人脚和地间的接触电阻,在计算时可取为 1500 Ω。据此即可算出流经人体的电流为

$$I_b = \frac{220}{1500 + 4} = 0.146 \text{ A} \tag{7.49}$$

这一电流显然要危及人身的安全。

如果电气设备的外壳采用保护接地,其接地电阻为 R_d,如图 7.12 所示,则当火线接外壳时,将有接地电流流过保护电阻,其值为

$$I_d = \frac{U}{R_d + R_0} \tag{7.50}$$

这一电流在保护接地电阻上的压降,也即设备外壳的对地电位 V_d 则为

$$V_d = I_d R_d = \frac{R_d}{R_d + R_0} U \tag{7.51}$$

通常保护接地的电阻 R_d 比 R_0 大,即使取 $R_d = R_0$,设备外壳的对地电位也将高达

$$V_d = \frac{U}{2} = 110 \text{ V} \tag{7.52}$$

如果此时设备的保护熔丝不熔断(或自动开关不跳闸),设备外壳对地的电位就将长期保持为 110 V,这显然也是不安全的。

那么在这种情况下设备的保护熔丝或自动开关是否会动作呢? 我们知道为了保证保护设备的可靠动作,接地短路电流应该不小于熔丝额定电流的 3 倍或自动开关整定电流的 1.25 倍。在(7.50)式中,取 $R_d = R_0 = 4 \ \Omega$,可以算出火线接壳时的接地故障电流为

$$I_d = \frac{220}{4 + 4} = 27.5 \text{ A} \tag{7.53}$$

这一电流仅能保证额定电流不超过 27.5/3 A,即 9.2 A 的熔丝熔断或整定电流不超过 27.5/1.25 A,即 22 A 的自动开关动作,如果电气设备的容量稍大,要求保护设备的额定值大于上述数值时,保护设备就可能不动作。因此在低压三相四线制交流系统中,采用保护接地并不能避免触电事故。

7.4.2　接零保护

为使保护设备能在电气设备火线接壳时可靠地动作,在中性点直接接地的三相四线制系统中,必须采用接零保护,即将电气设备的外壳直接接到系统的零线上,如图 7.13 所示。此时设备的火线接壳,就相当于系统的单相短路,短路电流 I_s 以零线为回路闭合不受接地电阻的限制,因此流过保护设备的电流会比保护接地时大,使保护设备能很快动作,切除故障。然而仍应注意,如果保护设备选择不当,被保护设备不能及时脱离电源的话,保护接零同样不能避免触电事故。因为在保护接零的情况下,当电气设备的火线接壳时,如果人触及设备外壳,同样会有电流流经人体,其值可由下式求出

$$I_b = I_s \frac{R_H}{R_H + R_b + R_0} \tag{7.54}$$

式中,I_s 为短路电流,R_H 为零线的电阻。当人体电阻 R_b 比较低时,通过人体的电流 I_b 仍能到达危险的数值。

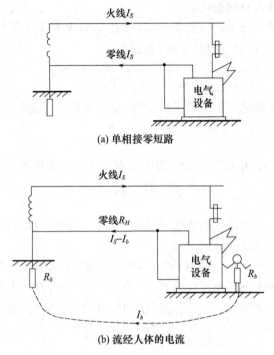

(a) 单相接零短路

(b) 流经人体的电流

图 7.13　电气设备的保护接零

　　要使保护设备能在电气设备发生火线接壳故障后立即切除电源,保护设备的额定电流必须和被保护设备接壳后的单相短路电流很好配合,为此需要进行接零计算,以便正确确定单相短路电流的数值。

　　三相系统在接零短路时的短路电流,应根据对称分量法由下式决定,即

$$I_S = \frac{V}{\frac{1}{3}Z_0 + Z_1 + Z_2} \tag{7.55}$$

式中 Z_1、Z_2 和 Z_0 分别为由故障处测得的正序、负序和零序阻抗。应该注意,我国的配电变压器都采用 Y/Y_0 的接线方式(参看图 7.14),零序电流在高压侧没有通路,因此变压器的零序阻抗较大,可达正序阻抗(即变压器短路阻抗)的 10～14 倍。取变压器的短路阻抗为 5%,零序阻抗为 50%,则由(7.55)式不难算出,变压器单相接零短路时的短路电流 I_{S_1} 为

$$I_{S_1} = \frac{I_e}{\frac{1}{3}(5\% + 5\% + 50\%)} = 5I_e \tag{7.56}$$

式中 I_e 为变压器的额定电流。而变压器的三相短路电流 I_{S_3} 则为

$$I_{s_3} = \frac{I_e}{5\%} = 20I_e \qquad (7.57)$$

由此可见,在低压 380/220 V 系统中单相接零时的短路电流将远小于三相短路电流。这一点在进行保护设备的选择时应给予充分注意。

(a) Y_0 侧单相接零短路　　　(b) 正序、负序等值回路　　　(c) 零序等值回路

图 7.14　Y/Y_0 接线的变压器

7.4.3　重复接地

应该指出,在采用保护接零时,如果零线发生断线并有一相接壳时(参见图 7.15),由于不存在短路回路,故障相将不会被切除。此时接在断线处以外的所有电气设备的外壳的对地电位都将上升到相电压,因此应该尽量避免零线断线现象的发生。为了降低零线断线时电气设备外壳上出现过高的电压,可以采取重复接地的措施,即在采用保护接零的情况下,系统中除在中性点工作接地外,在零线上的一处或多处重复接地,如图 7.16 所示,对特别重要的用户则可采用三相五线制,或采用 36 V 以下的安全电压供压。

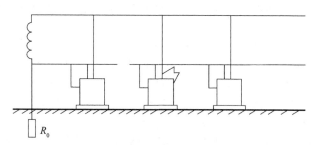

图 7.15　无重复接地时零线断线的情况

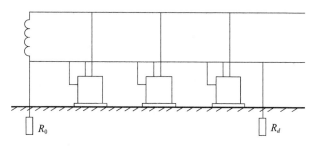

图 7.16　重复接地的接线图

参考文献

[1] IEC 479-1—1994 Effects of Current on Human Bings,Part I;General Aspects[S].

[2] DALZIEL C F. Dangerous Electric Currents[J]. AIEE Transactions, 1946,65;579-585.

[3] DALZIEL C F,LEE R W. Reevaluation of Lethal Electric Currents[J]. IEEE Transactions on Industry and General Applications,1968,4(5);467-476.

[4] IEEE Std 80—2000. Guide for Safety in AC Substation Grounding[S].

[5] IEEE Std 665—1995. IEEE Standard for Generating Station Grounding[S].

[6] LAURENT P G. Les Bases Generales de la Technique des Mises a la Terre dans les Installations Electriques[J]. Bulletin de la Societe Franscaise des Electriciens,1951,1(7);368-402.

[7] IEC 479-2—1987. Effects of Current on Human Beings,Part Ⅱ;Special Aspects[S].

[8] LOUCKS W W. A New Approach to Substation Grounding[J]. Electrical News and Engineering, 1954.

[9] LANGER H. Messungen von Erderspannungen in Einem 220 kV Umspanwerk [J]. Electrotechnische Zietschrift,1954,75(4);97-105.

[10] DAWALIBI F P,SOUTHEY R D,BAISHIKI R S. Validity of Conventional Approaches for Calculating Body Currents Resulting From Electric Shocks[J]. IEEE Transactions on Power Delivery,1990,5;613-626.

[11] DAWALIBI F P,XIONG W,MA J. Effects of Deteriorated and Contaminated Substation Surface Covering Layers on Foot Resistance Calculations[J]. IEEE Transactions on Power Delivery, 1993,8(1);104-113.

[12] THAPER B,GEREZ V,KEJRIWAL H. Reduction Factor for the Ground Resistance of the Foot in Substation Yards[J]. IEEE Transactions on PWRD,1994,9(1);360-368.

[13] MELIOPOULOS A P S,XIA F,JOY E B,et al. An Advanced Computer Model for Grounding System Analysis[J]. IEEE Transactions on PWRD,1993,8(1);13-23.

[14] DL/T 621—1997. 交流电气装置的接地[S].

[15] 孙为民,何金良,曾嵘,等. 季节因素对发变电站地表高阻层安全效果的影响[J]. 中国电力, 2000,33(1);62-65.

附录 A　接地装置特性参数测量导则

1　术语

1.1

接地极 grounding electrode

埋入地中直接与大地接触的,具有接地功能的金属导体。

1.2

接地(引下)线 grounding conductor

电力设备应接地的部位与地下接地极之间的金属导体。

1.3

接地装置 grounding device

接地极与接地线的总和。

1.4

大型接地装置 large grounding device

110 kV 及以上电压等级变电站的接地装置,装机容量在 200 MW 以上的火电厂和水电厂的接地装置,或者等效面积在 5000 m² 以上的接地装置。

1.5

(接)地网 grounding grid

由垂直和水平接地极组成的,供发电厂、变电站使用的,兼有泄流和均压作用的水平网状接地装置。

1.6

接地装置的电气完整性 electric integrity of grounding device

接地装置中应该接地的各种电气设备之间,以及接地装置的各部分之间的电气连接性,即直流电阻值,也称为电气导通性。

1.7

接地阻抗 ground impedance

接地装置对远方电位零点的阻抗。

注:数值上为接地装置与远方电位零点间的电位差,与通过该接地装置流入地中的

电流的比值。接地阻抗 Z 值是一个复数,接地电阻 R 是其实部,接地电抗 X 是其虚部。传统说法中的接地电阻值实际上是接地阻抗的模值。通常所说的接地阻抗,是指按工频电流求得的工频接地阻抗。

1.8

分流和地网分流系数 ground wires hunting and the current split factor

接地装置内发生接地短路故障时,通过架空避雷线和电缆两端接地的金属屏蔽向地网外流出的部分故障电流称为分流,它导致经接地网实际散流的故障电流减少。

经接地网散流的故障电流与总的接地短路故障电流之间的比值称为地网分流系数。

1.9

场区地表电位梯度分布 surface potential distribution

当接地短路故障电流流过接地装置时,被试接地装置所在的场区地表面形成的电位梯度分布。地面上水平距离为 1.0 m 的两点间的电位梯度称为单位场区地表电位梯度。

1.10

跨步电位差 step potential difference

当接地短路故障电流流过接地装置时,地面上水平距离为 1.0 m 的两点间的电位差。

1.11

接触电位差 touch potential difference

当接地短路故障电流流过接地装置时,在地面上距设备水平距离 1.0 m 处与沿设备外、架构或墙壁离地面的垂直距离 2.0 m 处两点间电位差。

1.12

接地装置的特性参数 parameters of grounding device

接地装置的电气完整性、接地阻抗、分流及地网分流系数、场区地表电位梯度分布、接触电位差、跨步电位差等参数或指标。

注:除了电气完整性,其他参数为工频特性参数。

1.13

电流极 current electrode

为形成测试接地装置的接地阻抗、场区地表电位梯度分布等特性参数的电流回路,而在远方布置的接地极。

1.14

电位极 potential electrode

在测试接地装置的特性参数时,为测试所选的参考电位而布置的接地极。

1.15

直流接地极 DC earth electrode

在高压直流输电系统中,放置在大地或海中,在直流输电线路的一点与大地或海水间构成低阻通路,可以通过持续一定时间电流的一组导体及活性回填材料。

1.16

接地极线路 earth electrode line

连接直流换流站中性母线与接地极馈电电缆的架空或地线线路。

1.17

接地极馈流线 earth electrode feed line

直流接地极和接地极线路之间的电气连接线。

注:接地极馈流线可以只含馈电电缆,也可以含架空分支线加馈电电缆。

2 接地装置特性参数测试的基本要求

2.1 内容

大型接地装置的特性参数测试应该包含以下内容:电气完整性测试,接地阻抗测试(含分流测试),场区地表电位梯度分布测试,接触电位差和跨步电位差的测试。在其他接地装置的特性参数测试中应尽量包含以上内容。

2.2 测试时间

接地装置的特性参数大都与土壤的潮湿程度密切相关,因此接地装置的状况评估和验收测试应尽量在干燥季节和土壤未冻结时进行,不应在雷、雨、雪中或雨、雪后立即进行。

2.3 测试周期

大型接地装置的交接试验应进行各项特性参数的测试,电气完整性测试宜每年进行一次;接地阻抗(含分流测试)、场区地表电位梯度分布、跨步电位差、接触电位差等参数,正常情况下宜 5～6 年测试一次;遇有接地装置改造或其他必要时,应进行针对性测试。对于土壤腐蚀性较强的区域,应缩短测试周期。

高压直流输电系统换流站接地装置的测试周期参照 500 kV 变电站;直流接地极的各项特性参数的测试除新建交接时进行外,一般 5～6 年测试一次,或有必要时进行。

2.4 测试结果的评估

进行接地装置的状况评估和工程验收时应根据特性参数测试的各项结果,并结合当地情况和以往的运行经验综合判断,不应片面强调某一项指标,同时接地装置的热容量应满足要求。如:接地阻抗是表征接地装置状况的一个重要参数,但并不是唯一的、绝对的参数指标,它概要性地反映了接地装置的状况,而且与接地装置的面积和所在地的地质情况有密切的关系。

3　接地装置的电气完整性测试

3.1　方法

　　首先选定一个很可能与主地网连接良好的设备的接地引下线为参考点,再测试周围电气设备接地部分与参考点之间的直流电阻。如果开始即有很多设备测试结果不良,宜考虑更换参考点。

3.2　测试的范围

　　不同场所的接地装置电气完整性测试的范围分别如下:

　　(1)变电站的接地装置:各个电压等级的场区之间;各高压和低压设备,包括构架、分线箱、电源箱等之间;主控及内部各接地干线,场区内和附近的通信及内部各接地干线之间;独立避雷针及微波塔与主地网之间;其他必要部分与主地网之间。

　　(2)电厂的接地装置:除变电站内容同上,还应测试其他局部地网与主地网之间、厂房与主地网之间、各发电机单元与主地网之间、每个单元内部各重要设备及部分、避雷针、油库、水电厂的大坝,以及其他必要的部分与主地网之间。

　　(3)换流站和直流接地极、风电升压站、光伏电站、储能电站、电气化铁路牵引站等,测试范围参照变电站。

3.3　测试中应注意的问题

　　测试中应注意减小接触电阻的影响。当发现测试值在 50 mΩ 以上时,应反复测试验证。

3.4　测试仪器

　　测试宜选用专门仪器,仪器的分辨率不大于 1 mΩ,准确度不低于 1.0 级。也可借鉴直流电桥的原理,在被试电气设备的接地部分与参考点之间加恒定直流电流,再用高内阻电压表测试由该电流在参考点通过接地装置到被试设备的接地部分这段金属导体上产生的电压降,并换算到电阻值。采用其他方法时应注意扣除测试引线的电阻。

3.5　测试结果的判断和处理

　　按下列要求对测试结果进行判断和处理:

　　(1)状况良好的设备测试值应在 50 mΩ 以下。

　　(2)50~200 mΩ 的设备状况尚可,宜在以后例行测试中重点关注其变化,重要的设备宜在适当时候检查处理。

　　(3)200 mΩ~1 Ω 的设备状况不佳,对重要的设备应尽快检查处理,其他设备宜在适当时候检查处理。

　　(4)1 Ω 以上的设备与主地网未连接,应尽快检查处理。

　　(5)独立避雷针的测试值应在 500 mΩ 以上,否则视为没有独立。

　　(6)测试中相对值明显高于其他设备,而绝对值又不大的,按状况尚可对待。

4　接地装置工频特性参数的测试

4.1　基本要求

4.1.1　试验电源的选择

(1)宜采用异频电流法测试接地装置的工频特性参数。试验电流频率宜在 $40\sim60$ Hz 范围,标准正弦波波形,电流幅值通常不宜小于 3 A。试验现场干扰大时可加大测试电流,同时需要特别注意试验安全。

(2)如果采用工频电流测试接地装置的工频特性参数,应采用独立电源或经隔离变压器供电,并尽可能加大试验电流,试验电流不宜小于 50 A,并应特别注意试验的安全问题,如电流极和试验回路的看护。

4.1.2　测试回路的布置

测试接地装置工频特性参数的电流极应布置得尽量远,参见图 1,通常电流极与被试接地装置中心的距离 d_{CG} 应为被试接地装置最大对角线长度 D 的 $4\sim5$ 倍;对超大型的接地装置的布线,可利用架空线路做电流线和电位线;当远距离放线有困难时,在土壤电阻率均匀地区 d_{CG} 可取 $2D$,在土壤电阻率不均匀地区可取 $3D$。

测试回路应尽量避开河流、湖泊、道路口;尽量远离地下金属管路和运行中的输电线路,避免与之长段并行,当与之交叉时应垂直跨越。

任何一种测试方法,电流线和电位线之间都应保持尽量远距离,以减小电流线与电位线之间互感的影响。

4.1.3　电流极和电位极

按下列要求设置电流极和电位极:

(1)电流极的接地电阻值应尽量小,以保证整个电流回路阻抗足够小,设备输出的试验电流足够大。

(2)可采用人工接地极或利用不带避雷线的高压输电线路的铁塔作为电流极。

(3)如电流极接地电阻偏高,可采用多个电流极并联或向其周围泼水的方式降阻。

(4)电位极应紧密而不松动地插入土壤中 20 cm 以上。

(5)试验过程中电流线和电位线均应保持良好绝缘,接头连接可靠,避免裸露、浸水。

4.1.4　试验电流的注入

试验电流是为了模拟系统接地短路故障电流而注入接地装置的,以测试其接地阻抗、分流、场区地表电位梯度分布、接触电位差、跨步电位差等各项工频特性参数。试验电流的注入点宜选择单相接地短路电流大的场区里,电气导通测试中结果良好的设备接地引下线处,一般选择在变压器中性点附近。小型接地装置的测试可根据具体情况参照进行。

4.1.5　试验的安全

试验期间电流线严禁断开,电流线全程和电流极处应有专人看护。

4.2　接地阻抗的测试

4.2.1　接地阻抗的测试方法

4.2.1.1　电位降法

电位降法测试接地阻抗示意如图 A.1 所示,电流线的放设应符合 4.1.2 的要求。

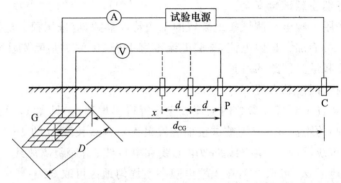

G—被试接地装置；C—电流极；P—电位极；D—被试接地装置最大对角线长度；
d_{CG}—电流极与被试接地装置中心的距离；x—电位极与被试接地装置边缘的距离；
d—测试距离间隔。

图 A.1　电位降法测试接地阻抗示意图

流过被试接地装置 G 和电流极 C 的电流 I 使地面电位变化,电位极 P 从 G 的边缘开始向外移动,电位线与电流线夹角通常在 $45°$ 左右,可以更大,但一般不宜小于 $30°$。曲线平坦处即电位零点,与曲线起点间的电位差值即为在试验电流下被试接地装置的电位差 V_m,接地装置的接地阻抗 Z 有：

$$Z = \frac{V_m}{I \times K} \tag{A.1}$$

如果电位降曲线的平坦点难以确定,则可能是受被试接地装置或电流极 C 的影响,考虑延长电流回路;或者是地下情况复杂,考虑以其他方法来测试和校验。

式(A.1)中的地网分流系数 K 的计算方法见 4.2.2,其对接地阻抗的影响同样适用于电流—电压表三极法(见 4.2.1.2)的接地阻抗测试仪法(见 4.2.1.3)和工频电流法(见 4.2.1.4)的接地阻抗测试。

4.2.1.2　电流—电压表三极法

（1）直线法

电流线和电位线同方向（同路径）放设的方法称为三极法中的直线法,接线见图 A.2。放线要求见 4.1.2,d_{PG} 通常为 $0.5 \sim 0.6 d_{CG}$。电位极 P 应在被测接地装置 G 与电流极 C 连线方向移动 3 次,每次移动的距离约为 $5\% d_{CG}$ 左右,如 3 次测试的结果误差在 5% 以内即可。

　　一般在放线路径狭窄困难和土壤电阻率均匀的情况下,接地阻抗测试才采用直线法。应尤其注意使电流线和电位线保持尽量远的距离,以减小互感耦合对测试结果的影响。

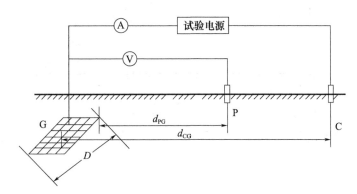

G—被试接地装置;C—电流极;P—电位极;D—被试接地装置最大对角线长度;
d_{CG}—电流极与被试接地装置中心的距离;d_{PG}—电位极与被试接地装置边缘的距离。

图 A.2　电流—电压表三极法测试接地阻抗示意图

　　(2)夹角法

　　如果土壤电阻率均匀,可采用 d_{CG} 和 d_{PG} 相等的等腰三角形布线,此时使 θ 约为 30°,$d_{CG}=d_{PG}\geqslant 2D$。

　　(3)远离夹角法

　　通常情况下,接地装置接地阻抗的测试宜采用电流和电位线夹角布置的方式。放线要求见 4.1.2,θ 通常为 45°以上,一般不宜小于 30°,d_{PG} 的长度与 d_{CG} 相近。接地阻抗可用式(A.2)修正:

$$Z=\dfrac{Z'}{1-\dfrac{D}{2}\left(\dfrac{1}{d_{PG}}+\dfrac{1}{d_{CG}}-\dfrac{1}{\sqrt{d_{PG}^2+d_{CG}^2-2d_{PG}d_{CG}\cos\theta}}\right)} \tag{A.2}$$

式中:θ——电流线和电位线的夹角;

　　　　Z'——接地阻抗的测试值。

　　(4)反向法

　　反向法是远离夹角法的特殊形式,即电位线和电流线之间的夹角约为 180°,有利于尽可能地减小电位线与电流线之间的互感,布线要求和修正公式与远离夹角法相同。

　　4.2.1.3　接地阻抗测试仪法

　　接地装置较小时,可采用接地阻抗测试仪测接地阻抗,接线见图 A.3。

　　图 3 中的仪表是四端子式,有些仪表是三端子式,即 C2 和 P2 合并为一,测试原理

和方法均相同,即电流—电压表三极法的简易组合式,仪器通常由电池供电,也可以是摇表形式,布线的要求参照三极法。

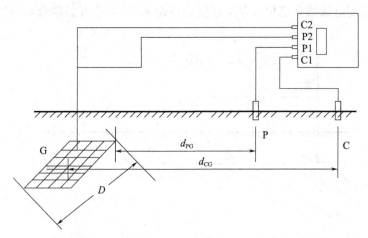

G—被试接地装置;　C—电流极;　P—电位极;　D—被试接地装置最大对角线长度;
d_{CG}—电流极与被试接地装置中心的距离;　d_{PG}—电位极与被试接地装置边缘的距离。

图 A.3　接地阻抗测试仪接线示意图

4.2.1.4　工频电流法

工频电流法基本采用电流—电压表三极法,布线要求和相关公式同 4.2.1.2。工频电流法可分为倒相法和倒相增量法,分别如下:

(1)倒相法

通常接地装置中有不平衡零序电流,为消除其对接地阻抗测试的影响,除了增大试验电流外,还可采用倒相法。接地阻抗的计算公式为:

$$Z=\sqrt{\frac{U_1^2+U_2^2-2U_0^2}{2I}} \tag{A.3}$$

式中:I——注入接地装置中的试验电流,试验电流在倒相前后保持不变;

　　U_0——不加试验电压时接地装置的对地电压,即零序电流在接地装置上产生的电压降;

U_1、U_2——倒相前后接地装置上的试验电压。

如果试验电源是三相的,也可将三相电源分别加在接地装置,保持试验电流 I 不变通过式(A.4)得到 Z,以消除地中零序电流对接地阻抗测试值的影响。

$$Z=\sqrt{\frac{U_A^2+U_B^2+U_C^2-3U_0^2}{3I_2}} \tag{A.4}$$

式中:I——注入接地装置中的试验电流,倒相前后保持不变;

　　U_0——不加试验电压时接地装置的对地电压;

U_A、U_B、U_C——将 A、B、C 三相分别加到接地装置上时的试验电压。

（2）倒相增量法

对于电气化铁路牵引站这样有间歇性大工作电流注入的接地装置，其接地阻抗的测试可以采用倒相增量法，即使试验电流与不平衡零序电流同相位，再施加一次增量试验电流，可以通过式（A.5）得到 Z，以消除地中零序电流对接地阻抗测试值的影响。倒相增量法对试验电流的要求与通常的工频电流法不同，而与异频电流法相似，即试验电流尽量小，但不宜小于 1 A。

$$Z=\sqrt{\frac{(U_1-U_0)^2}{I^2}}=\frac{U_1-U_0}{I} \tag{A.5}$$

式中：I——注入接地装置中的增量试验电流；

U_0——不加试验电流时接地装置的对地电压，即零序电流在接地装置上产生的电压降；

U_1——将增量试验电流叠加在不平衡零序电流上时，接地装置的试验电压。

倒相增量法的试验电流、电压的测试和阻抗的计算可以通过专用仪器来实现。

4.2.2　分流测试

对于有架空避雷线和金属屏蔽两端接地的电缆出线的变电站，线路杆塔接地装置和远方地网对试验电流 I 进行了分流，对接地装置接地阻抗的测试造成很大影响，因此应进行架空避雷线和电缆金属屏蔽的分流测试。变电站分流测试示意见图 A.4。

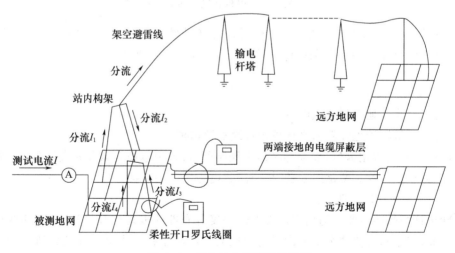

图 A.4　变电站分流测试示意图

分流测试应是相量测试，即测试分流的幅值和其相对于试验电流的相角，并将所有的分流进行相量运算。一般采用具有相量测试功能的柔性罗氏线圈对与避雷线相连的金属构架基脚以及出线电缆沟的电缆簇进行分流相量测试。

4.3　场区地表电位梯度分布测试

4.3.1　测试范围

场区地表电位梯度分布是表征接地装置状况的重要参数,大型接地装置的验收试验和状况评估应测试接地装置所在场区地表电位梯度分布曲线,中小型接地装置则应视具体情况尽量测试,某些重点关注的部分也可测试。

4.3.2　测试方法

接地装置如图1施加试验电流后,将被试场区合理划分,场区地表电位梯度分布用若干条测试线来表述。测试线根据设备数量、重要性等因素布置,线的间距通常在30 m左右。在测试线路径上中部选择一根与主网连接良好的设备接地引下线为参考点,从测试线的起点,等间距(间距 d 通常为1 m或2 m)测试地表与参考点之间的电位 V,直至终点,测试示意见图 A.5。绘制各条 V-x 曲线,即场区地表电位梯度分布曲线。

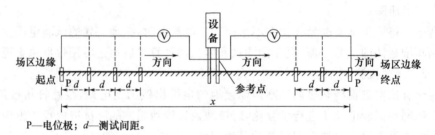

P—电位极; d—测试间距。

图 A.5　场区地表电位梯度分布测试示意图

当间距 d 为1 m时,场区地表电位梯度分布曲线上相邻两点之间的电位差 U 按式(A.6)折算得到实际系统故障时的单位场区地表电位梯度 U_T:

$$U_T = U'_T \frac{I_S}{I_m} \tag{A.6}$$

式中: I_m——注入地网的测试电流;

　　　I_S——被测接地装置内系统单相接地故障电流。

电位极 P 可采用铁钎,如果场区是水泥路面,可采用包裹湿抹布的直径20 cm的金属圆盘,并压上重物。测试线较长时,应注意电磁感应的干扰。

4.3.3　测试结果的判定

状况良好的接地装置的场区地表电位梯度分布曲线表现比较平坦,通常曲线两端有些抬高;有剧烈起伏或突变通常说明接地装置状况不良。当该接地装置所在的变电站的有效接地系统的最大单相接地短路电流不超过 35 kA 时,折算后得到的单位场区地表电位梯度通常在 20 V/m 以下,一般不超过 60 V/m,如果接近或超过 80 V/m 则应尽快查明原因予以处理解决。当该接地装置所在的变电站的有效接地系统的最大单相接地短路电流超过 35 kA 时,折算后参照以上原则判断测试结果。

4.4 跨步电位差和接触电位差的测试

接地装置如图 A.1 施加试验电流后，根据图 A.6 在所关心的区域，如场区边缘、重要通道处测试跨步电位差。测试电极可用铁钎紧密插入土壤中，如果场区是水泥路面，可采用包裹湿抹布的直径 20 cm 的金属圆盘，并压上重物。可选择一个测量点，并以该点为圆心，在半径 1.0 m 的圆弧上，选取 3～4 个不同方向测试，找出跨步电位差最大值，按式（A.7）折算成最大入地电流下的实际值 U，与 GB/T 50065—2011 中 4.2 规定的安全界定值进行比较判断。

$$U_S = U'_S \frac{I_S}{I_m} \tag{A.7}$$

式中：I_m——注入地网的测试电流；

I_S——被测接地装置内系统单相接地故障电流。

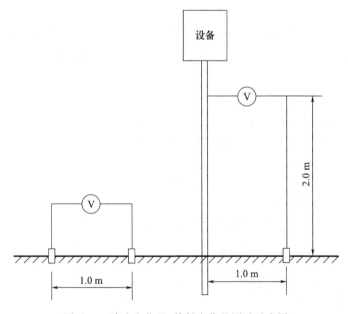

图 A.6 跨步电位差、接触电位差测试示意图

根据图 A.6 还可测试设备的接触电位差，测试电极的处理与测跨步电位差相同，重点是场区边缘和运行人员常接触的设备，如隔离开关、构架等。可以待测设备为圆心，在半径 1.0 m 的圆弧上，选取 3～4 个不同方向测试点，找出接触电位差最大测试值，参照式（A.7）折算成最大入地电流下的实际值，与 GB/T 50065—2011 中 4.2 规定的安全界定值进行比较判断。实际的接触电位差值也可参照式（A.7）折算。

4.5 接地装置工频特性参数测试值有效性的判断

由于现场干扰（主要是工频干扰）的存在，使得接地阻抗以及场区地表电位梯度分布、跨步电位差、接触电位差的测试结果有时存在较大误差。当现场干扰较强,或对测试结果有怀疑时,应改变试验电流大小和频率多次测试,观察结果的重复性。正确的测试数据应与测试电流的大小成正比。应保证现场测试的信噪比在仪器能保证测试精度的范围内,否则应设法加大测试电流提高信噪比,或选用抗干扰性能更强的仪器,具体参见附录C。

4.6　接地装置工频特性参数测试的仪器要求

接地装置工频特性参数测试仪器应满足下列要求:

(1)采用异频电流测试的仪器时,其选频抗干扰性能应良好,能在较强的工频干扰下保证测试精度。

(2)分流相量测试仪器,量程范围宜涵盖 10 mA～20 A,无干扰下相位精度不宜低于±0.5°,全量程电流测量精度不低于±(2%读数+2 mA)。

(3)场区地表电位梯度分布、跨步电位差、接触电位差测试的电压表分辨率不低于0.1 mV。

(4)仪器应按测试功能分别标明能保证误差不大于 5% 的最小信噪比。

(5)仪器出厂时应配备必要的标准电阻等测试部件,以便现场验证测试结果的有效性。

(6)仪器的准确度等级不低于 1.0 级。

4.7　大型接地装置工频特性参数现场测试步骤

大型接地装置工频特性参数现场测试步骤如下:

(1)根据图纸和现场确定地网的结构和尺寸。

(2)现场踏勘,确定电位极和电流极位置。

(3)现场布线及布置接地极。

(4)测试回路调试,包括线路绝缘状况测试、干扰测试、回路阻抗测试。

(5)接地阻抗测试(含分流测试)。

(6)场区地表电位梯度分布、跨步电位差、接触电位差测试。

(7)测试数据准确性的验证。

(8)收线及恢复现场。

5　输电线路杆塔接地装置的接地阻抗测试

5.1　一般要求

输电线路杆塔接地装置的接地阻抗测试的一般要求如下:

(1)杆塔接地阻抗测试宜采用三极法,也可采用回路阻抗法。当对测试结果有疑义时应采用三极法验证。

(2)运行输电线路通常存在工频干扰,采用三极法时测试电流宜大于 100 mA,采用回路阻抗法时测试电流宜大于 300 mA,以保证测试的有效性和准确性。

（3）杆塔接地装置的接地阻抗及测试回路存在一定感性分量，测试仪器的输出电流宜为 40～60 Hz 的标准正弦波。

（4）测试应遵守现场安全规定，雷云在杆塔上方活动时应停止测试，并撤离测试现场。

5.2　三极法测试

5.2.1　测试方法

三极法测试输电线路杆塔接地装置接地阻抗的方法和原理与变电站接地装置的基本相同，见图 A.7。杆塔接地装置的最大对角线长度为 D，当被测杆塔接地装置有射线时，D 取射线长度 L。由于杆塔接地测试现场通常没有交流电源，且地网较小，所以测试一般采用便携式的接地阻抗测试仪。

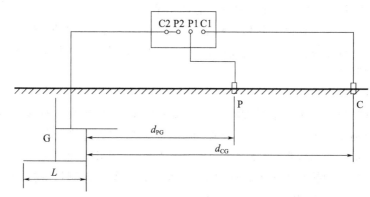

G—被试杆塔接地装置；C—电流极；P—电位极；L—杆塔接地装置的最大射线长度；
d_{CG}—电流极与杆塔接地装置的距离；d_{PG}—电位极与杆塔接地装置的距离。

图 A.7　输电线路杆塔接地装置的接地阻抗测试示意图

测试杆塔的接地阻抗前，应拆除被测杆塔所有接地引下线，即把杆塔塔身与接地装置的电气连接全部断开，并将各接地引下线短接。

5.2.2　布线要求及方式

布线要求参照 4.1.2。布线方式参照 4.2.1.2，如果放线路径狭窄，可采用直线法，否则采用夹角法。

（1）直线法。通常电流极 C 离杆塔基础边缘的直线距离 d_α 取 3_D～4_D，若接地装置周围土壤较为均匀，d_{CG} 可以取 2_D。电位极 P 离杆塔基础边缘的直线距离 d_{PG} 取 $0.6d_{CG}$。

（2）夹角法。通常 d_{CG} 取 3_D～4_D，d_{PG} 略小于 d_{CG}，θ 通常为 $30°$～$45°$；如果接地装置周围的土壤电阻率较均匀，d_{CG} 可以取 2_D，电流线和电位线 $30°$夹角，$d_{CG}=d_{PG}$。

5.2.3　注意事项

三极法测试杆塔接地装置接地阻抗的注意事项如下：

(1)应避免把测试用的电位极和电流极布置在接地装置的射线上面,且不宜与接地装置的放射延长线同方向布线。

(2)当发现接地阻抗的实测值与以往的测试结果相比有明显的增大或减小时,应改变电流极和电位极的布置方向,或增大放线的距离,重新进行测试。

(3)采用图 A.7 所示的三端子接地电阻测试仪测试时,应尽量缩短接地极接线端子 C2 和 P2 与接地装置之间引线的长度。

5.3 回路阻抗法

5.3.1 适用条件

回路阻抗法适用于下列条件:

(1)杆塔塔身与其接地装置之间没有电气连接。

(2)远方有多基杆塔并联回路,即输电线路的避雷线与本级杆塔连接良好,且一直贯通与远方多级杆塔及其接地装置连接良好。测试杆塔所在线路区段中要求直接接地的避雷线上并联的杆塔数。

5.3.2 测试方法

将被测杆塔所有接地引下线拆除并用金属短接在一起,作为被测接地装置的测试引线。在由被测接地装置、接地装置杆塔、避雷线、远方多级杆塔及其接地装置和大地形成的回路中接入测试仪器,见图 A.8,产生测试电流,测得接地阻抗 Z'_{TJ}。由于远方多级杆塔接地装置的接地阻抗的并联效应,Z 大于且近似于被测杆塔接地装置的接地阻抗 Z_{TJ},这在杆塔接地阻抗测试中是可以接受的。

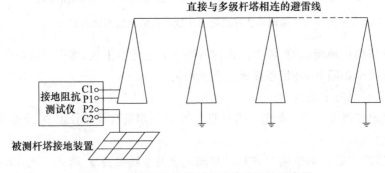

图 A.8　回路阻抗法测试杆塔接地阻抗示意图

Z'_{TJ} 实测值过大或过小(如大于 50 Ω 或小于 2 Ω),或者超过经验值,应用三极法验证。

6　直流接地极有关参数的测试

6.1　测试回路的布置

测试在直流接地极停运期间进行。直流试验设备一般置于换流站内,通过换流站接地装置、接地极线路向直流接地极注入直流测试电流 I。试验中电位线可利用换流站至接地极的接地极线路(见图 A.9),也可以自主放设电位线。

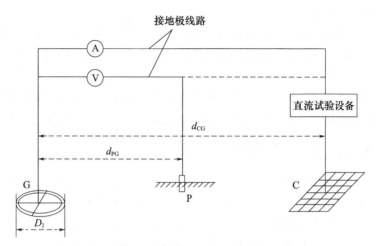

G—直流接地极;D—直流接地极外径;P—电位极;C—换流站接地网。

图 A.9　直流接地极接地装置参数测试回路示意图

6.2　接地电阻测试

接地极的接地电阻测试可采用电位降法或电流—电压表三极法,要求见 4.2.1.1 和 4.2.1.2。d_{CG} 和 d_{PG} 的夹角一般在 $30°\sim45°$ 或更大;采用电流—电压表三极法时,电位极的位置距接地极心距离 d_{PG} 宜在 $10D_J$ 以上。如利用接地极线路作为电位线,则在换流站至接地极大约中间距离,方便接线位置引下以测试电位 U_J。不考虑分流时,直流接地极的接地电阻 R_J 为:

$$R_J = \frac{U_J}{I} \tag{A.8}$$

6.3　跨步电位差和接触电位差测试

直流接地极施加试验电流后,参照 4.4 测试跨步电位差和接触电位差。测试采用一对无极化电极和一块高精度直流电压表。无极化电极的使用要求见 DL/T 253—2012 中的附录 D。测试结果均换算至最大入地电流。

跨步电位差的重点测试部位,在馈电电缆与接地极的连接处上方地面附近、低洼处、沟渠附近和局部土壤电阻率突变的地方。接触电位差的重点测试部位,选择在操作开关手柄和其他人可触及的部位。

最大跨步电位差测试时,选择一个测量点,放置一个不极化电极,以该点为圆心,在半径 1.0 m 的圆弧上用另一个不极化电极探测,选取 $3\sim4$ 个不同方向测试,找出电位差最大的点。

最大接触电位差测试是以被测设备为圆心,在半径 1.0 m 的圆弧上,选取 3～4 个不同方向测试点,找出接触电位差最大值。

6.4　各馈电电缆分流测试

接地极施加试验电流后,在接地极终端塔附近的馈电电缆上,采用高精度手持式钳型电流表分别测试每根馈电电缆中的电流值,算术相加后应基本等于试验电流。

6.5　测试结果的判定处理

接地极的接地电阻、跨步电位差、接触电位差和馈电电缆分流等各项参数的测试值,如果与设计值或上一次测试值相差 20％以上,应与业主或有关单位商量处理措施。

7　不同接地装置间的参照原则

(1)直流换流站、风力发电系统的升压站、光伏电站、储能电站、电气化铁路牵引站的接地装置特性参数测试的方法和原则,可以参照变电站接地装置进行。

(2)独立避雷针接地装置接地电阻的测试方法可参照杆塔进行。

(3)风力发电机接地装置接地电阻测试可参照杆塔进行。运行中的风力发电机的测试仪器可参照 5.1b)和 c)的要求。

8　土壤电阻率的测试

8.1　一般要求

土壤电阻率测试的一般要求如下:

(1)土壤电阻率测试应避免在雨后或雪后立即进行,一般宜在连续天晴 3 d 后或在干燥季节进行。在冻土区,测试电极须打入冰冻线以下。

(2)应尽量减小地下金属管道的影响。在靠近居民区或工矿区,地下可能有水管等具有一定金属部件的管道,应把电极布置在与管道垂直的方向上,并且要求最近的测试电极与地下管道之间的距离不小于极间距离。

(3)为尽量减小土壤结构不均匀性的影响,测试电极不应在有明显的岩石、裂缝和边坡等不均匀土壤上布置。为了得到较可信的结果,可以把被测场地分片,进行多处测试。

(4)可选用输出电流为交流或直流电流的仪器测试土壤电阻率。对于大间距的土壤电阻率测试,宜采用交变直流法进行测试,即仪器输出的波形为正负交替变化的直流方波,方波宽度为 0.1～8 s,可有效避免交流法引起的互感误差和避免直流法土壤极化引起的误差。

8.2　四极法测试

8.2.1　测试方法

8.2.1.1　四极等距法或称温纳(Wenner)法

图 A.10a 所示是四极等距法的原理接线图,两电极之间的距离 a 应不小于电极埋设深度 h 的 20 倍,即≥20 h。试验电流流入外侧两个电极,接地阻抗测试仪通过测得试验电流和内侧两个电极间的电位差得到 R,通过式(A.9)得到被测场地的视在土壤电阻率 ρ:

$$\rho = 2\pi a R \tag{A.9}$$

8.2.1.2　四极非等距法或称施伦贝格-巴莫(Schlumberger-Palmer)法

当电极间距相当大时,四极等距法内侧两个电极的电位差迅速下降,通常仪器测不出或测不准如此低的电位差,此时可用图 A.10b 所示的四极非等距法的电位极布置方式,电位极布置在相应的电流极附近,可升高所测的电位差值。如果电极的埋设深度 h 与其距离 a 和 b 相比较很小时,由式(A.10)得土壤电阻率 ρ:

$$\rho = \pi a(a+b)R/b \tag{A.10}$$

式中:a——电流极与电位极间距;

　　　b——电位极间距。

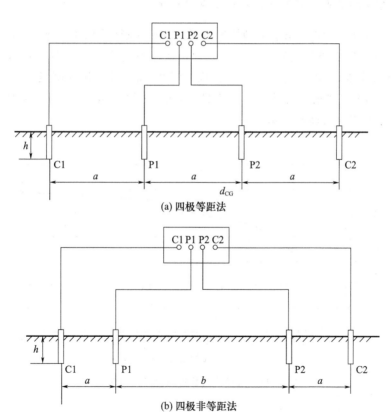

(a) 四极等距法

(b) 四极非等距法

图 A.10　四极法测试土壤电阻率示意图

8.2.2 测试要求及结果处理

测试电极宜用直径不小于 1.5 cm 的圆钢或∠25 m×25 mm×4 mm 的角钢,其长度均不小于 40 cm。

被测场地土壤中的电流场的深度,即被测土壤的深度,与极间距离 a 有密切关系。当被测场地的面积较大时,极间距离 a 也相应地增大。

在各种电极间距时得出的一组数据即为各视在土壤电阻率,以该数据与间距的关系绘成曲线,即可判断该地区是否存在多种土壤层或是否有岩石层,还可判断其各自的电阻率和深度。

为了得到较合理的土壤电阻率的数据,宜改变极间距离 a,求得视在土壤电阻率 ρ 与极间距离 a 之间的关系曲线 $\rho = f(a)$,极间距离的取值可为 5、10、15、20、30、40 m 等,最大的极间距离 a_{max} 一般不宜小于拟建接地装置最大对角线。当布线空间路径有限时,可酌情减少,但至少应达到最大对角线的 2/3。

9 大型接地装置工频特性参数测试典型实例

图 A.11～图 A.13 给出了大型接地装置工频特性参数测试的一些典型实例。

图 A.13 中的 4 条曲线为大型接地装置场区地表电位梯度典型实测曲线:曲线 1 表明电位梯度分布较均匀,地下接地装置状况较好;曲线 2 的尾部明显快速抬高;曲线 3 起伏很大,均表明接地装置状况可能不良;曲线 4 有两处异常剧烈凸起,尾部急速抬高,地下接地装置很可能有严重缺陷。

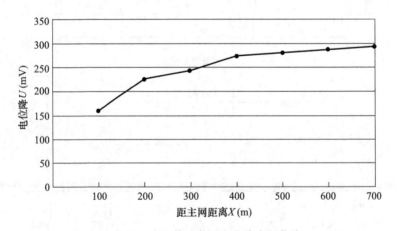

图 A.11 大型接地装置电位降实测曲线

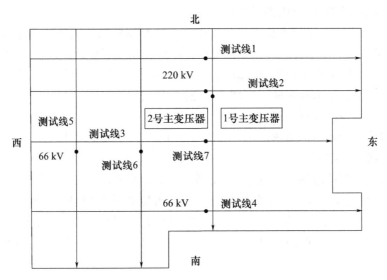

注：•为曲线参考点。

图 A.12 一个 220 kV 变电站场区地表电位梯度测试线划分示意图

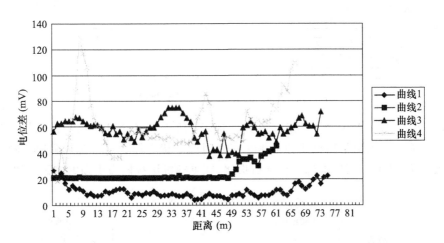

图 A.13 大型接地装置场区地表电位梯度分布曲线

10 大型接地装置工频特性参数现场测试步骤及注意事项

10.1 确定地网尺寸

根据图纸和现场,确定地网的结构和尺寸,尤其是地网对角线 D 的长度,应考虑站外扩网、延长接地极和斜井等因素对 D 增加的影响。

10.2 现场踏勘、确定电流极和电位极位置

对现场进行踏勘,确定电位极和电流极位置及布线路径。电流极和电位极应布置得足够远,可采用 GPS 定位来确定电位极和电流极的直线距离及其夹角。电流极应尽量选择在土壤电阻率低的位置,如潮湿的黏土地、小水坑等,也可选择线路杆塔或其他良好的自然接地极。电位极则无特别要求,适合打桩即可。

10.3 现场布线及接地极布置

现场布线及接地极的布置应符合 4.1.2、4.1.3 和 4.15 的要求。

10.4 测试回路的调试

测试回路的调试包括测试线绝缘状况测试、干扰测试、回路阻抗测试,分别如下:

(1)测试线绝缘状况测试:测试线绝缘电阻测量接线如图 A.14 所示。布线完毕后,首先测量测试线绝缘电阻,将测试线靠接地极的一端悬空,然后用绝缘电阻表测量测试线导体与地网之间的绝缘电阻,其结果应大于 10 kΩ。如小于该值,应检查线路沿途是否有破损和接地。

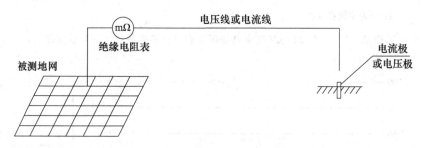

图 A.14 测试绝缘电阻测量接线

(2)干扰测试:干扰电压测量接线如图 A.15 所示。将测试线远端连到接地桩上,然后用工频电压表测量测试线和被测地网之间的干扰电压。当干扰较强时,应设法降低干扰影响,如加大测试电流以提高信噪比,或更换抗干扰能力更强的测试仪器。

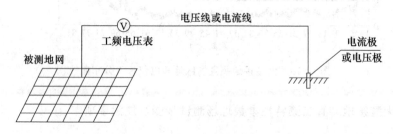

图 A.15 干扰电压测量

(3)回路阻抗测试:回路阻抗测试接线如图 A.16 和图 A.17 所示,分别测量出电流回路和电压回路的阻抗。电流回路阻抗应尽可能小,以保证足够大的试验电流,通常在

50 Ω 以下。电压回路阻抗通常小于 2 kΩ,以保证无断线且电位极良好插入土壤中。如超出正常范围值,应查找试验回路的断点。

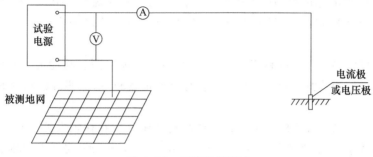

图 A.16　回路阻抗测试

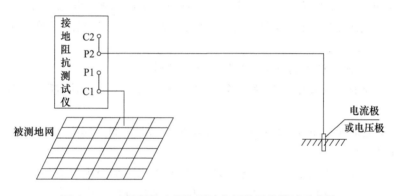

图 A.17　四端子接地阻抗测试仪回路阻抗测试示意图

10.5　接地阻抗测试及分流测试

10.5.1　接地阻抗测试

接地阻抗测试时,在保证安全的前提下,应尽可能加大测试电流,以提高信噪比。以异频电流法为例,在测试之前应测试干扰电压大小,同时根据仪器的抗干扰性能,保证产生足够大的异频电流、电压,使之落在仪器能保证测试精度的信噪比范围内。

示例:加现场干扰电压为 45 V,仪器能保证误差小于 5% 的最小信噪比为 1:30,即异频信号与工频干扰幅值之比为干扰较强的场合,应在不同的电流、频率下多次测试,观察结果的重复性、稳定性,可直观判断结果的可信性。数据不重复时,结果必然不准确。

接地阻抗测试结束后,可以收电位线,其他的分流、场区地表电位梯度分布、跨步电位差、接触电位差等测试继续进行。

10.5.2　分流测试

由于变电站内的接地装置、金属构架、避雷线、杆塔接地装置及远方地网构成了一个复杂的电阻电感网络，所以分流在各构架的大小及相角都不一样，如果仅仅测量分流大小求代数和，往往造成严重误差，甚至出现分流之和大于总测试电流的逻辑错误。

考虑现场实测的方便性和安全性，一般用带分流相量测量功能的柔性罗氏线圈圈住构架进行分流相量测量，然后计算出总的分流相量和，以及实际经被测地网散流的电流。

影响分流测试准确性的最大因素是金属构架中往往存在较大的工频干扰电流，很多现场可达数十安，而典型的分流大小为 10 mA～2 A，这导致分流测试时信噪比往往很小。以异频电流法为例，用分流测试设备选频 50 Hz 可测试出工频干扰电流大小，选择相应的异频频率则可测出异频分流大小。注意干扰电流和工频电流的比值是否在仪器能保证测试精度的信噪比范围内，否则应设法加大测试电流提高信噪比，或选用抗干扰性能更强的仪器。

可从以下方面现场判断分流测量数据的有效性：

(1)某一处的分流大小应与仪器输出的测试电流大小成正比，相位不随电流大小变化；

(2)测试电流大小不变，在相邻的测试频率下(如 47 Hz、48 Hz)，某一处的分流大小及相角应接近；

(3)将罗氏线圈正向及反向缠绕构架，观察两次相位是否相差 180。

10.6　场区地表电位梯度分布、跨步电位差、接触电位差测试

现场所能测得的场区地表电位梯度、跨步电位差、接触电位差一般都为 mV 级的弱电压，由于现场往往存在着较强的干扰，导致准确测试较为困难。

当干扰较强或对测试结果有怀疑时，应在不同的测试电流下多次测试，观察数据是否与测试电流大小成良好的线性关系。

10.7　收线及恢复现场

测试完毕后，确保仪器已经停止输出并切断电源后，收线及恢复现场。

11　大型接地装置工频特性参数测试数据有效性的判断方法

11.1　接地装置工频特性参数测试仪器出厂附件的配置

接地装置工频特性参数测试仪器出厂时应配置的部件见表 A.1，以便现场对仪器测试数据进行校验，判断测试结果的有效性。

表 A.1　接地装置工频特性参数测试仪器出厂时应配置的部件

部件参数及数量		备注	用途
地网模拟标准电阻 R_e	100、200、500、1000 mΩ 各 1 只	精度不低于 0.5%，功率不小于 25 W，电阻两端各引出 2 根线	接地阻抗测试结果有效性判断
电流极模拟电阻 R_c	20 Ω，1～2 只	线绕电阻，功率不小于 300 W，两端引线	
微型隔离变压器 T	220 V/2 V，5 A，10 VA，1 只；220 V/15 V，35 V，55 V，100 V，150 V 多抽头，5 VA，1 只	多抽头变压器用于产生不同的干扰电压，无须考虑电流大小	
分压电阻 R_d	0～100 Ω（50 W）可调电阻，10 kΩ（25 W）电阻，各 1 只	可调电阻可用功率 1 W 的 5、10、20、50、100 Ω 色环电阻代替，焊在一块小电路板上；电阻两端引线	跨步电位差、分流（弱电压、电流信号测试）等测试有效性判断

11.2　工频干扰下接地阻抗测试结果有效性的验证

现场的工频干扰会对仪器测试结果带来误差，其干扰测试接线如图 A.18 所示。首先将变频电源输出调到合适大小，在工频干扰变压器未通电的情况下，选频电压、电流表选择异频，如 55 Hz，测得 R_e 上的异频电压 U_{y1}、电流 I_{y1} 及阻抗 Z_{y1}。

然后给工频干扰变压器接通 220 V、50 Hz 电源，选频电压表选频 50 Hz 可测得工频干扰电压 U_g；此时再选频 55 Hz 观察异频电压 U_{y2}、阻抗 Z_{y2}，其与 U_{y1}、Z_{y1} 的误差应不大于 5%。异频信号电压与工频干扰电压之比（信噪比）$U_{y1}:U_g$ 是衡量仪器选频抗干扰性能的指标。

同理，对于四端子的接地阻抗测试仪，按图 A.19 比较工频干扰变压器未通电情况和通电情况下的测试结果。

变频接地阻抗测试仪应标明能保证测试误差不大于 5% 的接地阻抗测试最小信噪比。

11.3　工频干扰下弱电压信号测试数据有效性的验证

现场的工频干扰会给场区地表电位梯度分布、跨步电位差、接触电位差等弱电压信号的测试带来误差，其误差按图 A.20 所示接线进行测试。

异频信号源输出 55 Hz、10～30 V，当工频变压器未通电时，记录 55 Hz 电压值 U_{y1}。工频变压器通电后，通过调节分压电阻大小，在 1 Ω 电阻上产生不同的工频干扰电压，可用选频电压表选频 50 Hz 读取其工频电压值 U_g。再用选频电压表选频 55 Hz 读取异频电压 U_{y2}，U_{y2} 与 U_{y1} 之间误差应不大于 5%。$U_{y1}:U_g$ 即异频信号电压与工频干扰电压之比(信噪比)。

　　具有场区地表电位梯度分布、跨步电位差、接触电位差测试功能的仪器,应标明能保证测试误差不大于5%的跨步电位差测试最小信噪比。

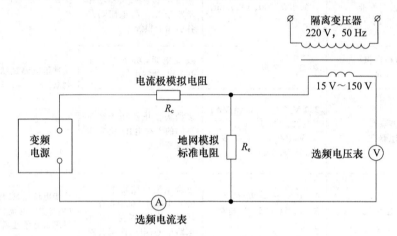

图 A.18　抗工频电压干扰测试

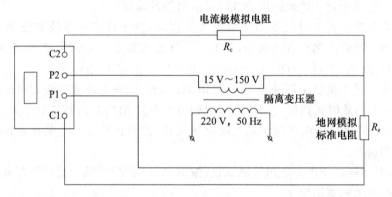

图 A.19　四端子接地阻抗测试仪抗地电压干扰试验接线图

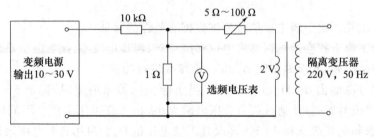

图 A.20　弱电压测量抗工频干扰测试

11.4　干扰下罗氏线圈分流相量测试数据有效性的验证

现场金属构架中的工频电流会给分流相量测试带来误差,其误差测试接线如图 A.21所示。变频电源输出 55 Hz、10~30 V,输出测试电流 I_{y1},并在可调电阻上产生异频分流。在未施加工频干扰电流时,分流相量测试仪器应能准确测试得到异频分流相量 $I_{y1}\angle\theta_{y1}$,即分流电流的大小和其相对于试验电流的相角。I_{y1} 应测量准确,且与变频电源输出电压成良好的线性,θ_{y1} 应接近 0°;也可分流电阻上串入一个电感,以产生一个非 0°的相角。此时使用 220/2 V 变压器串 0.5 Ω 电阻产生约 4 A 工频电流通过罗氏线圈,可多圈穿绕增大工频电流;将分流相量测试仪器频率调节到 50 Hz,读取其工频电流大小 I_g。此时再将仪器选频 55 Hz 读取异频分流相量 $I_{y1}\angle\theta_{y2}$,I_{y2} 与 I_{y1} 的误差应不大于 5%,θ_{y2} 与 θ_{y1} 的误差不大于 2°。$I_{y1}:I_g$ 即异频信号电流与工频干扰电流之比(信噪比)。

具有分流相量测试功能的仪器应标明测试的最小信噪比,以保证测试幅值误差不大于 5%、相角误差不大于 2°。

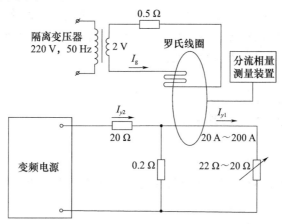

图 A.21　分流相量测量抗工频干扰电流测试

11.5　异频仪器良好选频抗干扰性能的经验值

根据实际经验,在测试误差不大于 5%情况下,选频抗干扰性能良好的异频仪器宜有表 A.2 的信噪比范围。

表 A.2　异频仪器选频抗干扰性能的经验值

被测接地装置的变电站电压等级(kV)	异频仪器的选频抗干扰性能(信噪比)
≤35	≥1∶10
110(66)	≥1∶50
220	≥1∶100
≥500	≥1∶200

附录 B　直流接地极接地电阻、地电位分布、跨步电压和分流的测量方法

1　术语和定义

1.1

直流接地极系统　DC earth electrode system

在直流输电系统中,为实现正常或故障时以大地或海水作回路,使直流电流返回到换流站直流侧中性点,而在距每一端换流站一定距离设置的接地装置和设施。它主要包含接地极线路、接地极馈流线和接地极。

1.2

接地极线路　earth electrode line

连接环流站中性母线与接地极馈流线的线路。

1.3

接地极馈流线　earth electrode feeder line

接地极和接地极线路之间的电气连接线。它可以只含馈电电缆,也可以含架空分支线加馈电电缆。

1.4

直流接地极　DC earth electrode

放置在大地或海水中,在直流电路的一点与大地或海水间构成低阻通路,可以通过持续一定时间电流的一组导体及活性回填材料。直流接地极形状一般有环形、星形、直线形、射线形、栅格形等。

1.5

接地电阻　earth resistance

直流接地极与远方接地点之间的电阻,单位:Ω。数值上为接地极线路和接地极馈流线的连接点与远方接地点之间的电位差与接地极总入地电流之比。

1.6

跨步电压　step voltage

人体的两脚在地面接触水平距离为 1.0 m 的两点时,人体所承受的电压,单位:V。

1.7

馈电电缆电流　feeder cable current

通过接地极馈电电缆电流,单位:A。

1.8

馈电电缆分流系数　current divider coefficient of feeder cable

一条接地板馈电电缆通过的电流与接地极入地总电流的比值,单位:%。

2　测量基本要求

直流接地极接地电阻、地电位分布、跨步电压和馈电电缆分流等参数与土壤的潮湿程度有关,其测量工作宜在好天气和土壤未冻结时进行。

直流接地极接地电阻、地电位分布、跨步电压和馈电电缆分流可在直流输电系统单极大地回线运行方式下测量,在此运行方式下测量接地电阻、跨步电压、地电位分布,宜选用电流大于额定入地电流 70% 的时段进行;也可以在直流输电系统停运时,使用自备直流试验电源向接地极注入电流进行测量,注入接地极的电流应保证接地电阻、地电位、跨步电压和馈流电缆分流的测量精度,一般不小于 50 A。

3　直流接地极接地电阻测量

3.1　主要测量仪器

3.1.1　直流电压表

直流电压表的准确度应不低于 1.0 级,输入阻抗不小于 1000 kΩ。

在直流系统单极大地回线运行方式下测量时,直流电压表的分辨率应不低于 1 mV;采用自备直流试验电源测量时,分辨率不低于 0.1 mV。

3.1.2　直流钳形电流表

直流钳形电流表的准确度应不低于 1.0 级。

在直流系统单极大地回线运行方式下测量时,直流钳形电流表的分辨率应不低于 1 A;采用自备直流试验电源测量时,分辨率不低于 0.1 A。

3.1.3　电位测量线

电位测量线应有一定的机械强度,宜选用钢芯被覆线。

3.2 测量方法

接地电阻测量接线示意图如图 B.1 所示。图中 L 为电流线;L_2 为电位测量线,将远方接地点的电位引到接地极线路和接地极馈流线的连接点,用以测量接地极与远方接地点之间的电位差。远方接地点与直流接地极的距离至少为直流接地极最远两端距离的 10 倍。

当在直流输电系统单极大地回线运行方式下测量时,接地极线路即为电流线 L_1,

利用系统提供的电流做试验电源;电位测量线 L_2 采用人工放线。

　　当使用自备直流试验电源测量时,电源工作地点可设置在换流站或接地极址。当电源设置在换流站时,以接地极线路作为电流线 L_1,通过换流站接地网和直流接地极构成电流回路;电位测量线 L_2 采用人工放线。当电源设置在接地极时,可以接地极线路两条极线中的一条作为电流线 L_1,通过辅助电流极和直流接地极构成电流回路;电位测量线 L_2 可以用接地极线路两条极线中的另一条极线,也可以采用人工放线。

　　采用直流钳形电流表 A 测量电流线 L_1 内的直流电流 I,用直流电压表 V 测量接地极线路和接地极馈流线的连接点与远方接地点之间的电压 U_0。

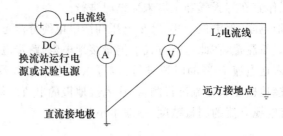

图 B.1　接地电阻测量接线示意图

3.3　数据记录与处理

　　测量直流接地极接地电阻时,至少测量三组电压、电流。对第 i 组数据,按(B.1)式计算相应的接地电阻 R_i

$$R_i = \frac{U_i}{I_i} \qquad (B.1)$$

式中:R_i——根据第 i 组测量数据得到的直流接地极的接地电阻,单位:Ω;

　　　　U_i——在第 i 组测量中得到的接地极线路和接地极馈流线的连接点与远方接地点之间的电压,单位:V;

　　　　I_i——在第 i 组测量中得到的接地极总入地电流,单位:A。

将根据每组测量数据得到的接地电阻取算术平均得到所需的接地极接地电阻。

4　直流接地极地电位分布测量

4.1　测量方法

　　可在接地极的某一或多个方向进行地电位分布测量。地电位的最远测量点距离接地极中心应不小于 10 km,或直至测量到的电位梯度小于 $8.3 \times 10^{-5} \times I$,单位:V/km(式中 I 为接地极入地电流,单位:A)。此时,距离接地极中心最远的一个测量点为地电位测量终点,该点的地电位设为 0 V。

4.2　数据记录与处理

在入地电流 I_m 下测量得到地电位 U_{gm} 后,需按(B.2)式将其换算成折算入地电流 I_c 下的地电位 U_{gc}。折算入地电流 I_c,可以是直流接地极的额定入地电流或最大入地电流。

$$U_{gc} = \frac{I_c}{I_m} U_{gm} \tag{B.2}$$

测试报告中应包含下列信息:

(1)在被测直流接地极的平面图上标明地电位测量路径和地电位测量点;

(2)地电位测量时的接地极入地电流和对应的地电位测量值,标明最大地电位的位置;

(3)接地极中心到测量终点的距离和测量终点前一段的平均电位梯度(折算到对应额定电流下的值);

(4)额定电流和最大电流下的地电位换算值。

5　直流接地极跨步电压测量

5.1　主要测量仪器
5.1.1　人体等效电阻
人体等效电阻取 1400 Ω。该电阻的允许偏差应不大于 ±1%。

5.1.2　不极化电极
在直流输电系统单极大地回线运行方式下测量跨步电压时,可使用硫酸铜参比电极或固体不极化电极。采用自备直流试验电源测量跨步电压时,应使用固体不极化电极。一对硫酸铜参比电极的极化电位差应不大于 5.0 mV,一对固体不极化电极的极化电位差应不大于 1.0 mV。

5.2　测量方法
测量直流接地极的跨步电压时按图 B.2 接线。测量点 P_1 和 P_2 之间的距离取 1.0 m,人体等效电阻 R 取 1400 Ω。将两个不极化电极分别放在测量点 P_1 和 P_2 上,安放不极化电极时,应将地面处理平整且有一定湿度,使电极与地面接触良好。

5.3　测量点布置
应在可能出现较大跨步电压的位置选择跨步电压测量点。直流接地极附近的下列位置,跨步电压较高:

(1)接地极导体上方两侧附近地面;

(2)散流不均匀、电流密度大的接地极导体上方地面附近,例如馈电电缆与接地极的连接处上方地面附近;

(3)低洼处和沟渠附近;

(4)局部土壤电阻率突变的地方。

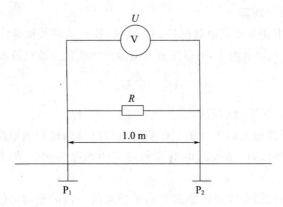

图 B.2　测量跨步电压的接线示意图

5.3.1　接地极导体上方及附近测量点布置

可在接地极导体上方地面两侧沿垂直接地极导体方向布置测量点,测量区域一般取接地极导体上方地面两侧 0~10 m。

5.3.2　其他位置测量点布置

在接地极每一受关注的局部位置选择一个测量点,放置一个不极化电极。以该点为圆心,在半径为 1.0 m 的圆弧上用另一个不极化电极探测,找出电位差较大的几点。再以这几点为圆心,分别放置电极;重复上述做法,直至找到该局部位置的最大跨步电压。

5.4　数据记录与处理

在入地电流 I_m 下测量得到跨步电压 U_m 后,需按(B.3)式将其换算成折算入地电流 I_c 下的跨步电压 U_{sc}。折算入地电流 I_c 可以是直流接地极的额定入地电流或最大入地电流。

$$U_{sc} = \frac{I_c}{I_m} U_{sm} \eqno{(B.3)}$$

测试报告中应包含下列信息:

(1)在被测直流接地极的平面图上标明跨步电压测量点;

(2)测量时的接地极入地电流和对应的跨步电压测量值,标明最大跨步电压的位置;

(3)额定入地电流和最大入地电流下的跨步电压换算值。

6　直流接地极馈电电缆分流测量方法与数据处理

首先选择一根馈电电缆,编号为 1。用一块直流钳形电流表固定监测 1 号馈电电缆电流,第 1 次测量结果记为 I'_{11}。用另一块(或多块)直流钳形电流表测量其他 $n-1$ 根馈电电缆电流,测量结果记为 $I'_j(j=2,3,\cdots,n)$,在测量第 j 根馈电电缆电流 $I_j(j=$

$2,3,\cdots,n)$的同时再测量第 1 根馈电电缆电流,记为 $I'_{1j}(j=2,3,\cdots,n)$。

对测量得到的电流进行归算处理。采用(B.4)式,将所有馈电电缆电流测量结果归算到对应的值

$$I_1 = I'_{11}$$
$$I_j = \frac{I'_{11}}{I'_{1j}} \times I'_j (j=2,3,\cdots,n) \tag{B.4}$$

对应于入地电流 I_m 下每条馈电电缆的电流 $I_i(i=1,2,\cdots,n)$,需按(B.5)式换算成折算入地电流 I_c 下的馈电电缆电流 $I_{c,j}(i=1,2,\cdots,n)$。折算入地电流 I_c 可以是直流接地极的额定入地电流或最大入地电流。

$$I_{c,j} = \frac{I_c}{I_m} I_i \tag{B.5}$$

测试报告中应包含下列数据:

(1)测量得到的馈电电缆电流 I'_{11}、I'_{1j}、I'_j,$(j=2,3,\cdots,n)$以及归算对应于 I'_{11} 的各条馈电电缆电流 $I_i(i=1,2,\cdots,n)$和总入地电流 I_m;

(2)每条馈电电缆的分流系数 $m_i(i=1,2,\cdots,n)$;

(3)额定入地电流和最大入地电流下每条馈电电缆的电流换算值。

附录 C　杆塔工频接地电阻测量

1　术语

1.1

钳表法　clamp ground resistance tester method

使用钳形接地电阻测试仪对有避雷线且多基杆塔避雷线直接接地的架空输电线路杆塔接地装置的接地电阻进行测试的方法。

1.2

钳形接地电阻测试仪　clamp ground resistance tester

钳形接地电阻测试仪是一种用来测量闭合接地回路电阻的仪器,一般由钳形电压互感器、钳形电流互感器和电子测量部分组成。

1.3

钳口　jaw of clamp ground resistance tester

钳形接地电阻测试仪的开合部分,一般分为单钳口和双钳口。

1.4

钳表法增量　increment of clamp ground resistance tester method

使用钳表法测量杆塔接地电阻时,测量得到的是杆塔接地回路的回路电阻,而回路电阻总是大于被测接地装置的真实接地电阻,因此使用钳表法测量杆塔接地电阻会引入原理性增加量,将测量得到的回路电阻与接地装置接地电阻之间的差值称为钳表法增量。

1.5

辅助接地电阻　auxiliary ground resistance

测量接地电阻时,电压极或电流极和大地之间的电阻。

2　分类

2.1　测量方法

杆塔工频接地电阻的测量方法分为两种:

(1)三极法;

（2）钳表法。

2.2　测量仪器

杆塔工频接地电阻的测量仪器分为两种：

（1）按照三极法测量的接地电阻测试仪；

（2）按照钳表法测量的钳形接地电阻测试仪。

3　测量杆塔工频接地电阻的一般性规定

杆塔工频接地电阻测量宜采用三极法。对新建杆塔接地装置的验收应采用三极法测量。使用三极法测量时，应采用合理的电极布置方式，以提高测量结果的可信度。

对杆塔的日常维护和接地电阻预防性检查，在符合 4.2 的规定的情况下可以采用钳表法测量。对杆塔第一次采用钳表法测量时，应同时使用三极法进行对比测量，确定两者之间的测量增量（钳表法测量结果与三极法测量结果的差），以便今后比较。

测量应安排在干燥季节和土壤未冻结时进行，不应在雨后立即进行。

测量应遵守现场安全规定。雷云在杆塔上方活动时应停止测量，并撤离测量现场。

4　测量杆塔工频接地电阻的三极法

4.1　三极法的测量布置

三极法测量杆塔工频接地电阻的电极布置图和接线图见图 C.1 和图 C.2，电压极 P 和电流极 C 分别布置在离杆塔基础边缘 $d_{GC} = 4l$ 处和 $d_{GP} = 2.5l$ 处，l 为杆塔接地装置放射形接地极的最大长度。d_{GP} 为接地装置 G 和电压极 P 之间的直线距离，d_{GC} 为接地装置 G 和电流极 C 之间的直线距离。

测量杆塔工频接地电阻 d_{GC} 取 $4l$ 有困难时，若接地装置周围土壤较为均匀，d_{GC} 可以取 $3l$，而 d_{GP} 取 $1.85l$。如果被测杆塔无放射形接地极，l 可以按照不小于杆塔接地极最大几何等效半径选取。

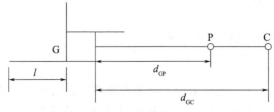

G—接地装置；P—电压极；C—电流极

图 C.1　三极法测量杆塔工频接地电阻的电极布置图

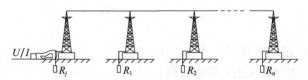

R_j——被测杆塔的接地电阻；
R_1、R_2、R_3、…、R_n——通过避雷线连接的各基杆塔的接地电阻；
U——钳形接地电阻测试仪输出的激励电压；
I——钳形接地电阻测试仪感应的回路电流

图 C.2　三极法测量杆塔工频接地电阻的接线图

当发现杆塔接地电阻的实测值与以往的测量结果有明显的增大或减小时，应改变电极布置方向或增大电极的距离重新测量。

4.2　三极法测量的注意事项

使用三极法测量杆塔工频接地电阻时，应注意以下事项：

(1)采用三极法测量前，应将杆塔塔身与接地极之间的电气连接全部断开。

(2)测量前应核对被测杆塔的接地极布置型式和最大射线长度，记录杆塔编号、接地极编号、接地极型式、土壤状况和当地气温，按照图 C.1 和图 C.2 的要求布置电流极和电压极。布置电流极和电压极时，宜避免将电流极和电压极布置在接地装置的射线方向上。

(3)电流极和电压极的辅助接地电阻不应超过测量仪表规定的范围，否则会使测量误差增大。可以通过将测量电极更深地插入土壤并与土壤接触良好、增加电流极导体的根数、给电流极泼水等方式降低电流极的辅助接地电阻。

(4)工业区或居民区，地下可能具有部分或完全埋地的金属物体，如铁轨、水管或其他工业金属管道，如果测量电极布置不当，地下金属物体可能会影响测量结果。电极应布置在与金属物体垂直的方向上，并且要求最近的测量电极与地下管道之间的距离不小于电极之间的距离。

(5)测量时应注意保持接地电阻测试仪各接线端子、电极和接地装置等电气连接位置的接触良好。采用图 C.1 的测量接线时，应注意尽量缩短接地电阻测试仪 G 端子与接地装置之间的引线长度。

5　测量杆塔工频接地电阻的钳表法

5.1　钳表法的测量原理

钳表法测量杆塔工频接地电阻的示意图和原理图见图 C.3 和图 C.4。对于有避雷线且多基杆塔避雷线直接接地的架空输电线路杆塔的接地装置，钳表法增量来自于杆塔塔身和本挡避雷线电阻、后续（或两侧）各挡链形回路等效阻抗中的电阻分量等。

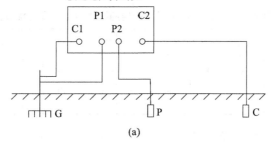

C1、C2—接地电阻测试仪的电流极接线端子；
P1、P2—接地电阻测试仪的电压极接线端子

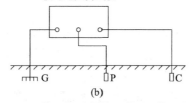

G、P、C—接地电阻测试仪的接地极接线端子、电
压极接线端子、电流极接线端子

图 C.3　钳表法测量杆塔工频接地电阻示意图

（a）四端子接地电阻测试仪接线图，（b）三端子接地电阻测试仪接线图

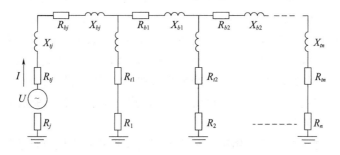

R_{bj}、R_{b1}、R_{b2}…—各挡避雷线的电阻（包括接触电阻）；
X_{bj}、X_{b1}、X_{b2}…—各挡避雷线的电抗；
R_{bj}、R_{b1}、R_{b2}…—各基杆塔的电阻（包括接触电阻）；
X_{tj}、X_{t1}、X_{t2}…—各基杆塔的电抗

图 C.4　钳表法测量杆塔工频接地电阻的原理图

5.2　钳表法的使用条件

架空输电线路的杆塔在满足以下条件时可以使用钳表法测量工频接地电阻：

(1)杆塔所在的输电线路具有避雷线，且多基杆塔的避雷线直接接地。

(2)测量所在线路区段中直接接地的避雷线上并联的杆塔数量满足表 C.1 的规定。

表 C.1　　测量所在线路区段中直接接地的避雷线上并联杆塔数量的要求

杆塔接地电阻(Ω)	0<R_j ≤1	1<R_j ≤2	2<R_j ≤4	4<R_j ≤5	5<R_j ≤7	7<R_j ≤10	10<R_j ≤15	15<R_j ≤17	17<R_j ≤24	24<R_j ≤30	30<R_j ≤40	40<R_j ≤50
并联杆塔数量	≥4	≥5	≥6	≥7	≥8	≥9	≥10	≥11	≥12	≥13	≥14	≥15

5.3　钳表法的测量步骤

使用钳表法测量架空输电线路杆塔的工频接地电阻时,按照以下步骤进行:

(1)首先检查被测线路杆塔是否符合 5.2 的规定,记录杆塔编号、接地极编号、接地极型式、土壤状况和当地气温。

(2)检查被测杆塔接地线的电气连接状况。测量时应只保留一根接地线与杆塔塔身相连,其余接地线均应与杆塔塔身断开,并用金属导线将断开的其他接地线与被保留的接地线并联,将杆塔接地装置作为整体测量。

(3)测量时打开测试仪钳口,使用钳形接地电阻测试仪钳住被保留的那根接地线,使接地线居中,尽可能垂直于测试仪钳口所在平面,并保持钳口接触良好,使测试仪工作,读取并记录稳定的读数。

5.4　钳表法测量的注意事项

使用钳表法测量架空输电线路杆塔的工频接地电阻时,应注意以下事项:

(1)如果与历次钳表法测量结果比较变化不明显,则认为此次钳表法测量结果有效。如果钳表法测量结果远大于历次钳表法测量结果,或者超过了相应的标准或规程中对接地电阻值的规定,则应采用三极法进行对比测量,以判断其原因。

(2)当线路状况改变(如更换避雷线型号及接地方式、线路走向改变等)并影响到被测杆塔邻近的避雷线与杆塔接地回路时,应重新使用钳表法和三极法对受影响杆塔的接地电阻进行对比测量。

(3)测量前,测量人员应使用精密环路电阻对钳形接地电阻测试仪进行自检。测量时应注意保持钳口清洁,防止夹入野草、泥土等影响测量精度,测试仪工作时不允许人直接接触接地装置或杆塔的金属裸露部分。

6　架空输电线路杆塔的钳表法增量的估算

在第一次使用钳表法测量、缺乏与三极法对比的增量数据(钳表法测量结果与三极法测量结果的差)时,对使用 G35 和 GJ50 单、双避雷线的架空输电线路杆塔的钳表法增量可以按表 C.2 的公式进行估算。

表 C.2 的公式中,较小的数值是钳形接地电阻测量仪在并联杆塔的中间一基杆塔测量所对应的钳表法增量,较大的数值是钳形接地电阻测量仪在并联杆塔的首端或终端杆塔测量所对应的钳表法增量,未计及接触电阻的影响。

表 C.2 架空输电线路杆塔的钳表法增量 **ΔR** 的估算公式

避雷线种类		钳表法增量 ΔR 的估算公式
GJ35	单避雷线	$(1.695e^{-0.5283n}+0.1690e^{-0.04856n})R_j-0.8349e^{-0.09132n}+1.111e^{0.02003n}$ $\leqslant \Delta R \leqslant$ $(1.906e^{-0.5518n}+0.1312e^{-0.002748n})R_j+3.704e^{-0.01420n}-4.206e^{-0.2066n}$
	双避雷线	$(1.704e^{-0.5384n}+0.1872e^{-0.6123n})R_j-0.6368e^{-0.05424n}+0.7614e^{0.02117n}$ $\leqslant \Delta R \leqslant$ $(1.647e^{-0.4919n}+0.1185e^{-0.0102n})R_j-2.419e^{-0.1882n}+2.030e^{-0.001004n}$
GJ50	单避雷线	$(1.696e^{-0.5210n}+0.1574e^{-0.04050n})R_j-1.219e^{-0.1188n}+1.501e^{0.00856n}$ $\leqslant \Delta R \leqslant$ $(2.360e^{-0.6579n}+0.1798e^{-0.01616n})R_j-4.333e^{-0.3400n}+3.172e^{-0.003652n}$
	双避雷线	$(1.775e^{-0.5614n}+0.2014e^{-0.06553n})R_j-0.7087e^{-0.08421n}+0.8362e^{0.01965n}$ $\leqslant \Delta R \leqslant$ $(1.753e^{-0.5171n}+0.1260e^{-0.007979n})R_j-2.757e^{-0.2253n}+2.218e^{-0.001833n}$

注:表 C.2 中 n 为测量所在线路所在区段中直接接地的避雷线上并联的杆塔数量($n \geqslant 3$),R_j 为杆塔接地电阻。

7 架空输电线路杆塔的工频接地电阻

架空输电线路杆塔的工频接地电阻应符合 DL/T 620 的要求。有避雷线的线路,每基杆塔不连避雷线的工频接地电阻,在雷季干燥时,不宜超过表 C.3 所列数值。

表 C.3 有避雷线的线路杆塔的工频接地电阻

土壤电阻率(Ω·m)	≤100	>100~500	>500~1000	>1000~2000	>2000
接地电阻(Ω)	10	15	20	25	30

注:如土壤电阻率超过 2000 Ω·m,接地电阻很难降到 300 Ω 时,可采用 6~8 根总长不超过 500 m 的放射形接地体,或采用连续伸长接地体,接地电阻不受限制。